京 NEW WCDP 新文京開發出版股份有限公司
新世紀 · 新視野 · 新文京 — 精選教科書 · 考試用書 · 專業參考書

New Wun Ching Developmental Publishing Co., Ltd.

New Age · New Choice · The Best Selected Educational Publications — NEW WCDP

網路行銷

劉亦欣 編著

2nd Edition

Internet Marketing

12k

340 Comments . 7k Shares

二版序

「網路行銷」在近幾年來是重要的主題，尤其在COVID-19 疫情籠罩全球，許多的公司與產品皆是透過網路來達成行銷的目標，網路行銷已經成為公司生存與突破困境的關鍵！本書介紹網路行銷的基本觀念與實務運用，包括介紹各種網路行銷的工具，例如：FB、IG、電商、直播等各項網路新寵兒！

不論您是初學者或是公司行銷企劃，透過本書案例與編排，讓您在短時間內能夠了解網路行銷的範疇與概念，在各項產業和產品案例中看見趨勢，最新第二版更新生活中的案例，邀請您體驗網路世界，讓您彷彿置身其中，從企劃網站到網站經營，網路行銷世界時刻都在提供資訊與創意。

期待這本書籍能讓您認識網路行銷的操作，書籍中企劃多處練習與留言處，邀請您勇於發想，寫下自己的想法與提案，後續有機會成為稱職的網站行銷高手！

面對變化多端的網路競爭與各項電商各類行銷手法，行銷企劃準備好了嗎？讓我們進行這一趟網路行銷之行，升級公司的數位行銷競爭力！

劉亦欣 謹啓

本書特色

網路行銷，是目前行銷人應具備的關鍵技術與能力！網路行銷不單單只是在網站做行銷活動，要懂得運用許多時下重要的科技工具。

全書分為十二個章節，在一開始我們介紹行銷基本功與網路行銷的關聯性，介紹如何在多變的網路環境下創造行銷手法，透過科技的創新、數位趨勢的掌握，讓我們能夠不受時間、空間的限制，將產品、品牌傳遞到顧客的心中！

從早期的電子商務網路平台到網站媒體的廣告運用，一直到近期流行社群行銷、IG、關鍵字廣告、直播、網紅等等，許多企業主和讀者應該擁有相關的基本知識，不論你從事什麼樣的工作或是現在是什麼樣的角色，網路行銷的學習，絕對是您在現在或未來皆能擁有的專業能力。

本書介紹現在與未來世代的主流，在人人都有 3C 產品的此刻中，發掘商機與商品決策將是您必須了解的軟實力。

最後希望讀者在使用本書，能夠從一個門外漢走進網路行銷的世界，透過系統的學習，讓你有效掌握網路行銷的操作，輕鬆愉快地進行這一趟學習之旅。

即時貼文

此單元設計在每章節的行銷學理教學中，放置了目前最重要的網路行銷個案，透過網站、社群範例的呈現，讓教學者與學習者能夠清楚看見網路行銷的操作方式。

小編聊天室

網路世界千變萬化，訊息每分每秒都在進化，「小編聊天室」提供近期網路行銷的趨勢與資訊，讓讀者能第一手掌握網路行銷的動向。

小編聊天室

台灣數位廣告市場趨勢：觀
日本廣告市場

2020 年初開始，全世界在 Covid-19 的
及消費習慣，尤其是當生活者＊無法外出
被迫轉型至線上時，生活者的習慣以及
台灣在疫情下的影響相對於世
業該如何藉由其他國家

實務操作 Let's Go

在實務操作類的章節中，設計編排了一系列實作教學，如：如何架設網站、了解電商的操作、社群 FB / IG 的操作模式等，讓讀者能進一步了解現今網路上普遍最常用、最熟悉的行銷工具。

府／公部門	4.
科技產業	4.2%

資料來源：DMA 台灣數位媒體應用暨行銷協會

網站企劃實務操作

SHOPLINE 是提供一站式網路開店
統等工具，及豐富課程資源，對於
e.tw/features/online-store

認識架設網站

安排讀者能夠實際應用目前的網站架構套裝軟體，學會做網路行銷的企劃，了解如何撰寫品牌故事，及規劃購物車系統等。

包含：「架設網站實務操作 Let's Go」、「網站設計實務操作 Let's Go」、「買起來！電商交易 Let's Go」。

認識社群行銷

介紹三大社群平台 FB、IG、YouTube 的基本操作模式，讓讀者認識網路行銷中不可忽略的行銷手法。

包含：「秀一下！開 FB 視訊直播 Let's Go」、「我是銷售王！在 FB 銷售商品 Let's Go」、「經營 FB 粉絲專頁 Let's Go」、「在 FB 買廣告 Let's Go」、「IG 生活拍拍拍 Let's Go」、「IG PO 文 & 發限時動態 Let's Go」、「上傳 YouTube 影片 Let's Go」。

數位行銷前哨站

每章末皆附有「數位行銷前哨站」練習單元，讓讀者依據每章的學習主題，一起思考在網路世代跟網路行銷的環境下，有哪些讓網友印象深刻的行銷方式？你能寫出屬於自己的行銷文案及構想嗎？請讀者依據練習單元，分享及實際行銷一次，將所學發揮出來。

數位行銷前哨戰　我是網路行銷企劃

請你上網查詢 APPLE 最新官網資訊並加以分析，再為它寫下新的文案內容（100 字）：

照片

行銷分析：

本書使用

感謝讀者使用此本書籍！在本書為十二單元的企劃，建議您參考本書內容自我學習，由於網路行銷課程需要實際透過網站或手機，了解目前的行銷方式，同時又有多項新興網路工具，如：FB、IG、YouTube 等，以及需了解如何建置網站，因此本書建議您花四週時間自己練習，四個練習主題如下：

1. 運用坊間網站軟體：透過體驗與自行付費，進行網站內容主題設計。
2. 參考課本，了解如何設立 FB、IG 帳號與操作方式。
3. 在生活中找尋素材，進一步學習 FB 圖文拍照與撰寫。
4. 練習 IG 或其他影音檔實作。

再次感謝您對本書的支持，網路行銷時刻都在變化與更新，新文京作者與編輯將結合趨勢，讓您學習更順暢！

前情提要～
搶先看

自媒體創作者要領

自媒體行銷新寵兒～認識自媒體的身世祕密！

行銷如何運用自媒體創商機？肯定要學會的！

你可能很懂業務，更能行銷品牌與公司！但面對「自媒體」一點也不熟悉！長久習慣了買廣告，通路拚業績，但疏忽顧客愛逛的網路世界，也漠視一群自媒體生力軍，正默默地創造自己與品牌的聲量！

自媒體現，如：Facebook、Instagram、YouTube 等。運用自媒體經營個人或是企業品牌，善用自媒體獲利，我們皆稱為自媒體行銷。也因自媒體門檻與成本相較於自行架設網站低，對於中小企業以及個人來說是入門之行銷管道。

了解自媒體現況與類別、經常關注網路實例，分析行銷如何運用自媒體來強化，以及如何加強內容來進行行銷策略之執行。

現在，正是了解自媒體的時候！行銷人與創業者不可缺席！

自媒體創作者，肯定要會的行銷功力！

會操作自媒體，不等於會行銷！你可能很愛寫 FB、IG，粉絲狂按讚，甚至日夜拍影音檔，只為了 Hold 住流量！

但面對「行銷」一點也不熟悉！運用自媒體行銷的週期到底多長？無法預料，長久習慣了衝人氣創業配，反而疏忽長久的行銷目標與規劃，也忘記轉化聲量成為日後行銷的基礎，因此你需了解自媒體創作者應具備的行銷思維、配合自己的專長，進行自媒體行銷的企劃，以利加強行銷策略之執行。

現在，正是自媒體的黃金時刻，透過本書帶你晉升行銷的功力！

前情提要～

搶先看

蝦皮店到店

蝦皮店到店包裹領取縮短為 5 天！無人店怎麼搶超商取貨商機？步驟一次看。

https://www.bnext.com.tw/article/74066/shopee-xpress-2023?

誠品線上

線上折扣優惠多，促進銷費力，有效區隔線上、線下銷售通路。

大甲鎮瀾宮網站

文創商品多元化。

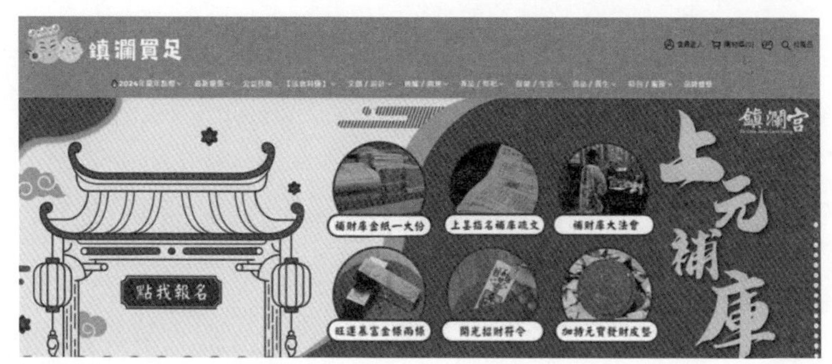

https://www.mazubuybuy.com.tw/

4 阿瘦皮鞋企業團購年菜

開發不同類別商品，異業合作也能讓人耳目一新。

https://www.aso.com.tw/Search/%E5%B9%B4%E8%8F%9C.html

5 電商平台中的品牌旗艦館

各大品牌給紛紛進駐各大電商平台，搶攻網路市場。

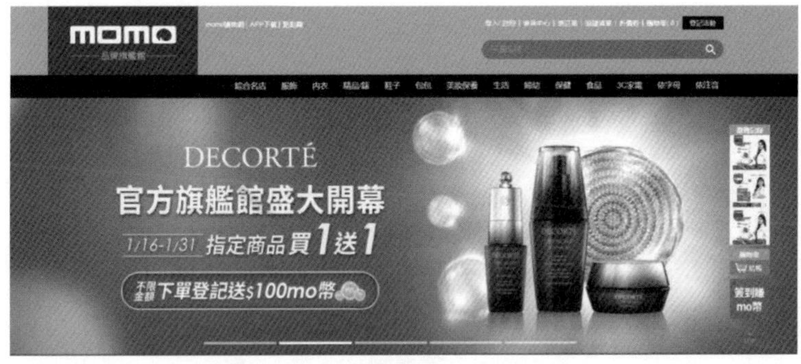

https://www.momoshop.com.tw/brand/Main.jsp?cid=top&oid=logo

編著者簡介

編著者 **劉 亦 欣**

學歷

政治大學教育系博士
英國 Heriot-Watt University 博士研究
英國 Leicester University 企管碩士

專業

經營管理、教育訓練、行銷企劃、網路行銷

現職

東吳大學推廣部行銷企劃 / 網路行銷教師 / 企業內訓
政治大學創新育成中心創業課程業師
教育部 U-star 計畫創業團隊指導業師
勞動部產業人才尖兵方案：國際企業管理 / 網路行銷教師
業界顧問輔導、教育訓練、創業教育
多肯 (DOCAN CONSULTANT) 執行長
台北市政府公部門行銷策略、網路行銷課程授課

經歷

東吳大學推廣部企貿班主任
東吳大學推廣部數位人才班主任
東吳大學推廣部行銷企劃 / 品牌行銷課程教師企業培訓
太平洋百貨、日勝生集團、FORA 福爾、立端科技、由田新技、泰創、G0HIKING 戶外連鎖 (力鵬企業) 上海烘焙連鎖企業顧問等
勞委會職訓局「產業人才投資方案」講師
英國倫敦商會行銷證照授課講師

編著者簡介

1. 行銷企劃實務
2. 創業輔導
3. 網路行銷
4. 品牌行銷

斜槓！有機會嗎？談自己的創新創業

產品企劃如何吸睛：談產品包裝與美感

如何運用自媒體行銷提高顧客好感度與品牌知名度

《管理心理學實務與應用》，新文京開發出版股份有限公司

《行銷管理實務與應用》，新文京開發出版股份有限公司

《金融服務行銷》，高立圖書出版

《網路行銷》，新文京開發出版股份有限公司

《創業小白先修課》，多肯顧問室出版

《創業行銷與管理》，多肯顧問室出版

---

http://docanconsultant.com

E-mail:yihsinliu.8@gmail.com

目錄

目錄

INTERNET MARKETING

01
CHAPTER

網路行銷搶先看

1-1 網路行銷新世代

1-2 網路行銷應有的前置作業

1-3 網路行銷的核心觀念

1-1 網路行銷新世代

網路行銷又稱為數位行銷，是透過網路科技將公司的品牌、產品、廣告、促銷等系列活動在網路上執行，一般來說，網路行銷可以視為一系列行銷活動與方案的組合，網路行銷已經逐漸取代了實體行銷，許多公司透過網路使商業競爭從實體通路轉移到網路平台，在網路世界的行銷策略，是透過獨特的運作，運用網路科技與行銷模式的整合，讓企業能在最快速的時間下，推動許多與行銷相關的活動方案。現今網路世代革命，需要掌握下列幾項方向：

一、如何跟消費者互動

在網路行銷的時代裡，相對於實體的行銷方式，最大的差異是能夠打破時間與空間之距離，買賣兩方可以即時建立互動、加速資訊的流通，能夠建立多種溝通模式，例如：FB 留言、IG 分享、電子郵件、線上客服諮詢、線上搜尋，以及查詢公司相關產品資訊與活動等。

一般而言，在網路世界裡面的使用者，是參與者同時也是購買者。網路的互動可以產生各種效益，提高顧客消費意願，同時可以擴大觸及率，例如：在 FB，顧客能認識與推薦廠商的優點、產品的特色；同時也能即時轉發給好友們！其背後的廣大力量能幫助公司創造聲量與開發潛在顧客，在粉絲專頁中若有粉絲按讚與交流，更能與消費者溝通無距離，但有時公司未注意處理客戶問題，有可能立即引起廣大網路族群發表意見與抵制。

上述操作網路行銷，絕不能忽略學習與網友互動、交流，因網友即是顧客，這是公司與第一線人員應具備的訓練與能力，倘若只是用一般處理行政的思維來面對網友，則可能忽略了網友的巨大影響力。網友在網路世界中找尋趣味與消費，無聲無息成為一股莫大的影響力，好比網軍大隊，若是口碑好，則能成就你的品牌！網路行銷如同與網友互動，從初見到熟識，都須用心經營與步步為營。

網路行銷中的顧客各式各樣、千奇百怪，有些人喜歡團購、有些人喜歡瀏覽、更有些人僅喜歡網路留言，如果能夠進一步了解顧客心態，用心與他們交流，同時分析各項回應，將有助於公司了解產品與市場狀態，建立與顧客溝通的模式，就能夠達到溝通無障礙。網路行銷是需要長久投入與持續經營，手機、平板已經是人們生活的一部分，公司需要定期掌握顧客的想法，了解網路上的用語，才能夠投其所好！並不是花錢買幾個關鍵字廣告，就能增加曝光率！現在的顧客有話直說，一句產品的好話——「水能載舟」；一句產品的批評——「水能覆舟」，公司必須要有雅量，尤其在顧客發聲的當下，不能夠直接關閉官網與社群平台，要以理性的方式來處理網站的危機。許多人未經事實查證，假訊息充斥網路，不僅傷害自己的商譽，同時也會影響公司的經營，所以在網路行銷的誘因下，公司也需要防範網路行銷的風險，另外，有時競爭者有可能喬裝為顧客，我們也要能夠分辨處理，以應付各種挑戰！

momo

進入 momo 官網後可以看見促銷活動。

3C 年終狂慶強打 3C 特價商品。

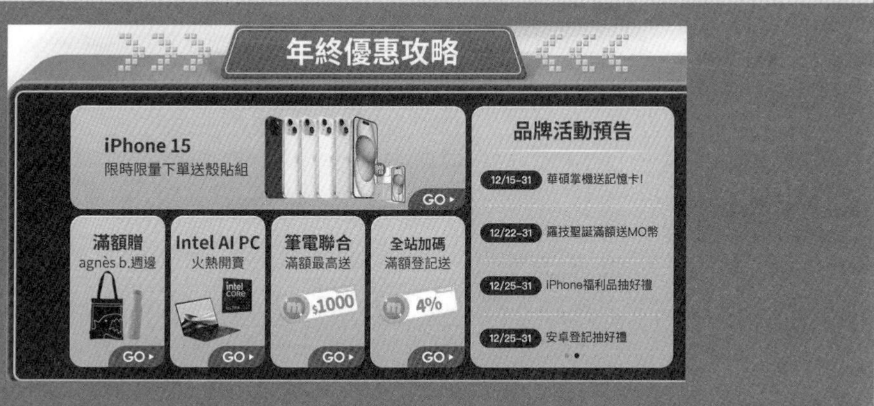

年終優惠攻略。

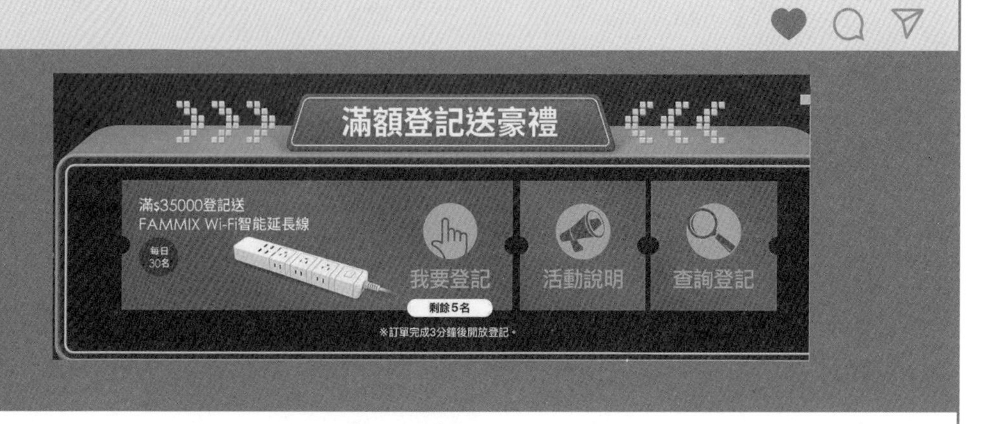

滿額還可以登記豪禮，吸引消費者購買。

圖片來源：https://www.momoshop.com.tw/main/Main.jsp

二、網路低成本優勢

網路越趨頻繁，任何時間與任何地點，都離不開網路的世界！大部分顧客查詢任何資訊都藉由網路，加上有些人有購買通訊吃到飽的電信費用，上網查詢自然是節省成本的方式，在食、衣、住、行、育、樂任何方面，都能使消費者運用網路輕鬆獲取資訊。

因此，網路商店已成為顧客首選的購物方式，加上減少中間商的成本及人員費用，公司還可以降低營運成本。網路的優勢在於成本低廉，許多公司開設門店，往往需要選擇地區，就是所謂的立地條件，如果地理位置位於商業區，可能需要考量租金成本，另外，門店的設計也需要花費，才有機會讓品牌形象更加具有吸引力，但在網路上，成本上相對較低，比起實體門店的裝修費用及人事成本更具優勢。同時，實體營運較為複雜，一般來說，網路申請網域、網址一年的費用，約 3,000~5,000 元不等，有的網站更加優惠，端看簽約的時間決定年度費用，同時網站現在提供許多參考版型，可減少一般入門者的官網設計費用，因此整體費用，網路與實體差距將非常大！有些公司能夠自己設計網站，也會招募人員進行網站設計與維護，可見，網路行銷對於現在的企業有相當大的優勢。假設企業需每年度更新形象廣告，實體門店需要的是定期改裝，中間的裝修時間可能造成客戶流失；而網路行銷的門面，可以隨季節和節慶，企劃不同主題的行銷方案，進行設計更換，維護更新就是以最少的成本在官網上做合適的節慶風格，例如：聖誕節快到了，虛擬網路通路，如公司官網，就會以官網設計來傳遞節慶氛圍，僅需要隨活動節慶，更換符合活動主題的設計即可，省時又快速。

限時貼文一

PINKOI

年輕人最喜愛文創購物平台 PINKOI，可以根據主題購買商品。

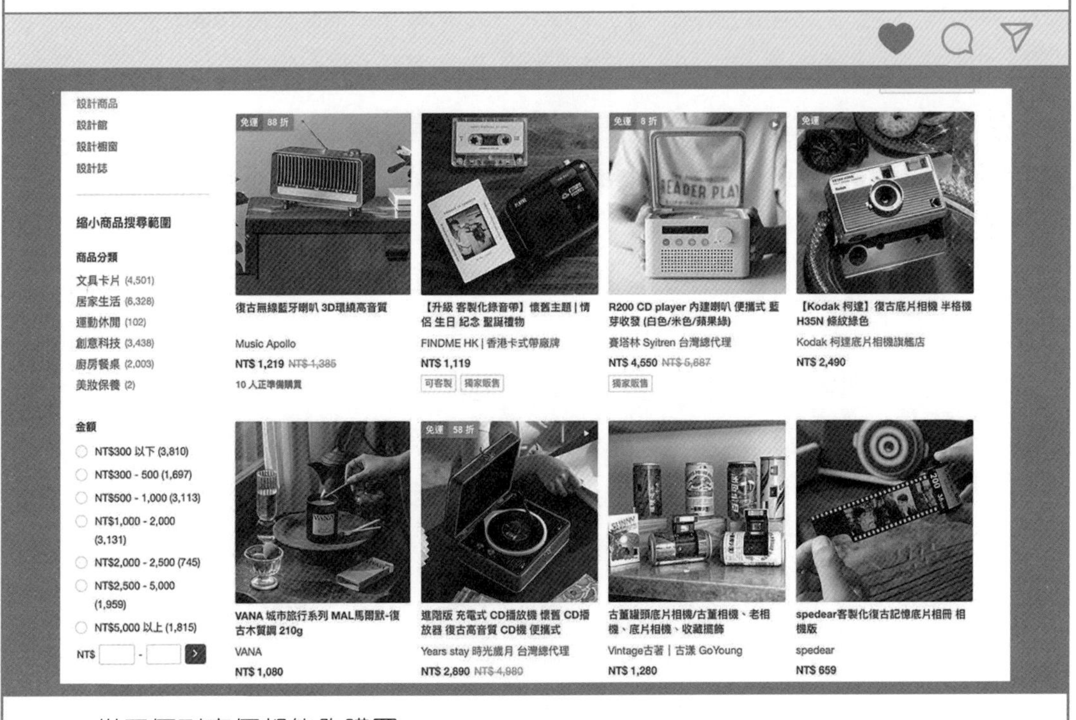

從平價到高價都能夠購買。

還可以根據商品金額選擇禮物等。

圖片來源：https://www.pinkoi.com/

三、網路新興科技與網路行銷特色

在數位化的趨勢下，顧客與廠商互動已經可以說是秒速，即時建立互動與回應，隨著消費者依賴網路購物的程度越來越高，加上社群媒體的發達，例如：FB、IG，帶來更多網友關注，網路行銷已經有別於傳統行銷，關鍵是網路行銷是無國界、時間、及地域的限制，因此網路行銷是每個人都應該學習的專業。行銷之父彼得．杜拉克 (Peter Drucker) 提出：「行銷活動是要使顧客處於準備購買的狀態，行銷不但是一種創造溝通，並傳達價值給顧客的手段，也是一種促使企業獲利的過程。」網路行銷正符合上述意涵。

隨著網路媒體不斷轉型發展，不但形成了即時性、互動性、跨地域性，更重視客製化。同時，網路資訊可以透過數位媒體的結合，使文字、聲音、影像整合一起，提供 24 小時全天候的資訊與宣傳，刺激消費者的購物慾望，這就是網路新興科技的利益。以下分析網路行銷具備的特色。

◎ 網路行銷之四大特色

隨著網路改變越趨多元，與消費者的互動不只是建立網站，應認識網路行銷的四大特色：

1. 打破時間點藩籬，可以立即回應及加速資訊的流通。
2. 透過網路帶來全球化的市場效應，雖然競爭白熱化，但可以透過網路行銷，幫助原本只有臺灣市場規模的企業擴大到國際市場，小公司也能夠與大公司相互競爭，這就是全球化市場效應帶來的商機。
3. 網路行銷不像是實體通路，開銷比傳統行銷來得少，網路行銷是低成本的行銷，所以能讓公司節省成本，以低成本創造能見度，進一步經營品牌行銷。
4. 因網路新興科技輔助，能夠讓公司掌握資訊，數位工具、多媒體的網頁展示、線上遊戲等等，這些都是用網路呈現的新技術，能強化公司各項行銷的活動效果。

BMW

進入客製化汽車畫面，選擇喜愛的車款。

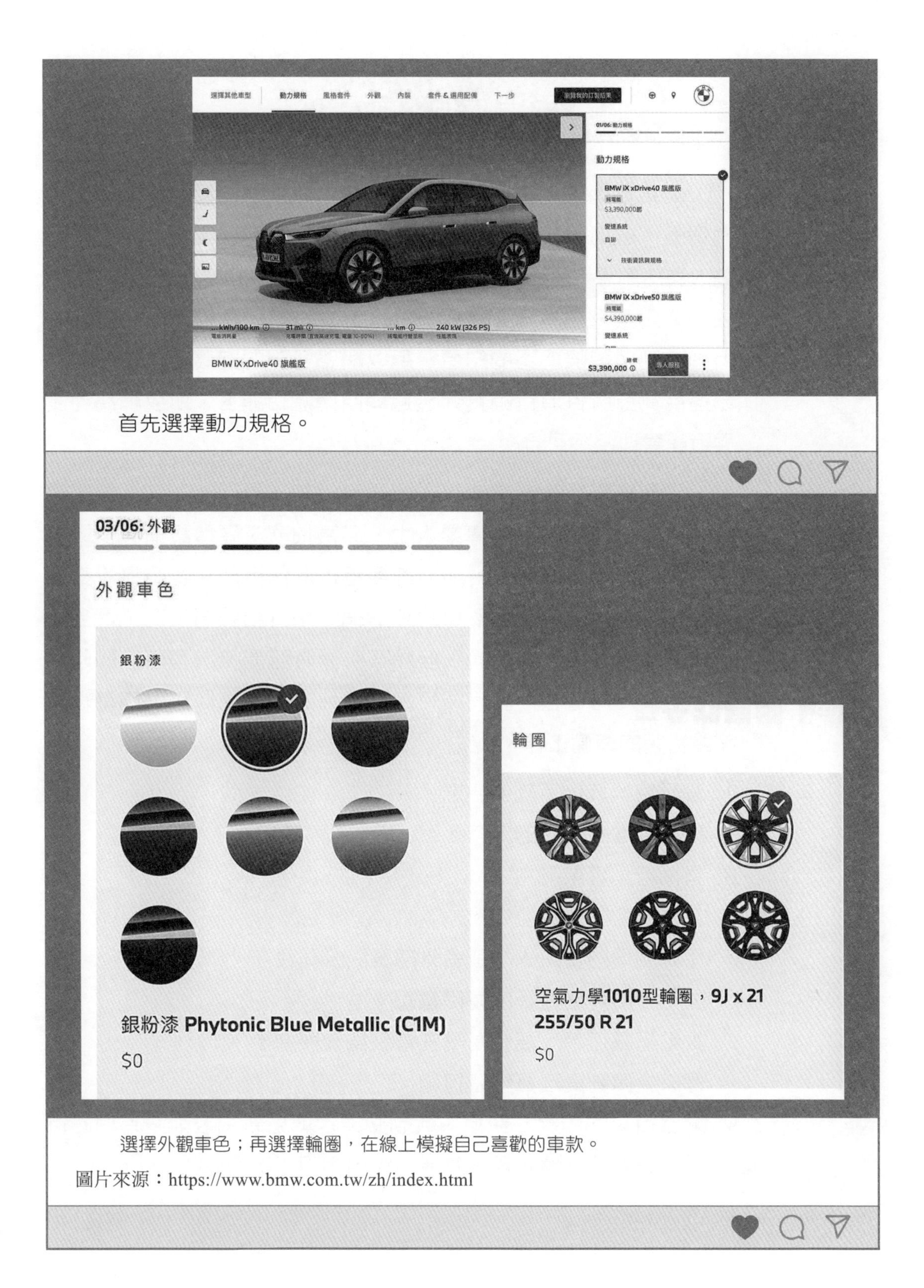

首先選擇動力規格。

選擇外觀車色；再選擇輪圈，在線上模擬自己喜歡的車款。

圖片來源：https://www.bmw.com.tw/zh/index.html

1-2 網路行銷應有的前置作業

網路行銷的本質與傳統行銷一樣，但最終的目標是為了影響消費者，差別在於溝通工具的不同。網路行銷的定義，是藉由行銷人員將創意、產品、服務等構思，利用通訊、科技、廣告、促銷、公關或活動，在網路上執行，廣義的說法為網路行銷可以是作為行銷活動與網際網路的結合，所以網路行銷的定義更簡單，是充分運用資源將各項行銷資源透過網路傳遞給顧客，所以網路行銷與行銷管理密不可分。

談到網路行銷，常使許多公司及行銷人員卻步不前！原因是他們擔心科技能力不及專業人士，又害怕軟、硬體設備與技術不足，無法即時回應顧客，加上許多重視傳統行銷又著重實體交易的企業質疑，單以品牌形象建立的網站來介紹公司現況，最多只能做到單向回覆客人問題，但顧客來信時可能無法有專人即時回覆。如果公司有意推動網路行銷，下列的各項條件可以作為經營網路行銷的準備工作：

1. 想經營科技化行銷的心態。
2. 爭取經營者高度的支持。
3. 具備行銷專業能力。
4. 具有一定的科技能力。
5. 協同公司的資訊人才或者外部資訊公司合作。
6. 進行各項網路行銷的基礎建設。
7. 推動網路行銷，要有高階主管親身參與進步。
8. 提高全員動員落實整體行銷。
9. 網路行銷的素材、訊息、活動必須定期更新，否則空有網站行銷，更新卻緩慢老舊，就無法達到網路行銷的效益。

當具備了上述的各項條件，接下來就需要透過網路行銷來強化下面幾項：

1. 了解競爭者在網路行銷的現況。
2. 避免犯相同的錯誤。
3. 多與一些網站做連結，增加網路潛在客戶。
4. 觀察不同產業的官網資訊、FB 發文、IG 圖像，來提高吸引消費者的創意行銷手法。
5. 持續培養公司內部網路行銷人才，同時提供訓練與晉升的獎勵。

1-3 網路行銷的核心觀念

當我們進行行銷，尤其是網路操作，首先仍需具備幾個基礎的行銷核心觀念：

1. **需要 (needs)**

   人類基本的需要包含空氣、水、陽光，以及食、衣、住、行，另外，人本有休閒、教育、娛樂等不同的需求，大家較為熟悉的是馬斯洛需求層級理論，包括：生理需求、安全需求、社會需求及自我實現需求。網路行銷與這些需要息息相關，更應探討你的顧客需要在哪。

2. **慾望 (wants)**

   人們為滿足需要而進一步追求特定事物，此種需要就變成慾望。

3. **需求 (demands)**

   是指特定的產品慾望，且有能力購買。例如：並非每個人都有能力購買跑車，只有部分顧客有此需求，一般來說，是針對特定的慾望，擁有購買意願及能力的顧客，公司藉此提出一個價值主張來傳達給消費者對產品的需求，這一個價值主張就代表產品的內容，並且也可以滿足其需求，無形的價值主張是藉由提供物所呈現出來的，而提供物則是行銷中的產品、服務或資訊以及各項經驗的組合。

4. **品牌 (brand)**

　　指的是名稱、術語、標記、符號、設計和心理上的結合。品牌通常可以傳達六個層次的意義：(1) 屬性、(2) 利益、(3) 價值、(4) 文化、(5) 個性、(6) 使用者。

5. **價值 (value)**

　　是給顧客希望獲得的利益與應付出成本的比值，這個成本包含貨幣成本、時間成本、心力成本與體力成本。

6. **市場區隔 (market segmentation)**

　　許多人在做行銷時，認為人人都是我的顧客，我們在此稱為大眾行銷，但是在時間、資源有限的情況下，大眾行銷已經漸漸改變為目標行銷，因此行銷需要做市場區隔。先將目標市場定義出來，才可以針對於他們進行網路行銷，達到事半功倍的效果。一般來說，做市場區隔前，先確定我們的目標市場要有哪些輪廓、哪些對象，也要根據大環境，還有消費者的洞悉才能確定。

　　行銷理論 STP 分析，三個英文字母涵義分別為：S 是區隔、T 是目標、P 是定位，所以 STP 簡單來講就是要幫網路行銷做市場定位、市場區隔，美國行銷專家溫德爾・史密斯 (Wended Smith)1956 年提出了 STP 理論，這個理論提供許多業界做行銷數據時，可以從 STP 切入，有助於我們在做行銷決策時，讓我們先釐清目標市場，最後在我們產品中找到市場定位，做出確實的市場區隔，這些都是網路行銷不可不知的黃金觀念。

網紅直播大特寫

請學生分享自己喜歡的網紅，並分析該網紅為何會獲得許多人氣？

在多采多姿的網路世界裡，我們總是在日常生活中獲得許多資訊，你最喜歡誰來直播商品呢？或是誰來開箱？誰來各種分享？

喜歡的網紅：

照片

直播主題：

特色分析：

學習評量 REVIEW ACTIVITIES

(　　) 1. 下列何者正確？ (A) 有些人喜歡團購，有些人喜歡瀏覽，更有些人喜歡網路留言，因此我們只要放任他們互動，不用特別分析其行為運用到公司行銷策略上 (B) 公司需要長久持續經營社群，要經常探索網購顧客的想法，了解網路上的用語，才能夠投其所好！ (C) 只要花錢買幾個關鍵字廣告，就能增加曝光率，同時增加銷售率！ (D) 在顧客批評產品的當下，公司可以直接關閉官網與關閉臉書，甚至揚言提告，避免商譽被惡意抹黑。

(　　) 2. 下列關於數位行銷的哪些敘述，何者正確？ (A) 數位行銷利用網路科技來將公司的品牌、產品、廣告、促銷等活動在網路上執行 (B) 網路行銷不可以視為一種管理活動、行銷活動的組合 (C) 傳統行銷已經逐漸取代了網路行銷，所以完全不用做傳統行銷了 (D) 企業不用整合傳統行銷與網路行銷，這樣做只是浪費時間與成本。

(　　) 3. 通常網路使用者的行為模式，下列哪一項有誤？ (A)FB 留言 (B) 查詢相關網路資訊 (C) 線上客服討論 (D) 直接去實體門市問。

(　　) 4. 下列哪些要素是最能影響消費者願意網購的意願？ (A) 消費者有錢 (B) 實體門市店員服務態度良好 (C) 網路購買價格比實體門市便宜 (D) 消費者太閒，就是想花錢。

(　　) 5. 下列敘述何者正確？ (A) 開網路商店可以降低營運成本，減少中間商的成本、開銷以及人員之投入 (B) 實體門市開店只要位於熱門商業區，就能賺大錢 (C) 官網需要設計，成本往往比實體門市裝潢還貴 (D) 即便有些公司能夠自己設計網站，也是得招募人員進行網站設計與維護，所產生的費用會是員工薪資，所以架設官網是件燒錢且不好回收成本的投資。

(　　) 6. 下列何者不是行銷理論 STP 分析中，三個英文字母所代表的涵義？ (A) 目標 (B) 定位 (C) 宣傳 (D) 區隔。

( ) 7. 下列哪項不是網路行銷的特性？ (A) 打破時間隔閡，可以立即回應以及加速資訊的流通 (B) 全球化的競爭朝白熱化，小公司無法透過網路行銷與大公司相互競爭，因此小公司在網路科技時代，行銷成本反而比以前傳統行銷增加好幾倍 (C) 網路行銷不像是實體通路，開銷比傳統來得少，能以低成本創造能見度進一步進行品牌行銷 (D) 因網路新興科技輔助，來強化各項行銷的活動效果。

( ) 8. 如果公司想推動網路行銷 ，下列何項條件可以作為經營網路行銷的準備工作 ？ (A) 想經營科技化行銷的心態 (B) 不用爭取老闆的支持 (C) 網路行銷的素材、訊息、活動不必定期更新 (D) 推動網路行銷，不需要有高階主管親身參與決策。

( ) 9. 經營網路行銷應有的能力，下列敘述何者為非？ (A) 了解競爭者在網路行銷的現況 (B) 觀察不同產業的官網資訊、臉書發文、IG 圖像，來提高吸引消費者的創意行銷手法 (C) 每一個企劃案結束後，重新覆盤檢討，避免再犯相同的錯誤 (D) 不需培養公司內部網路行銷人才，有需要就隨便挖人過來即可。

( ) 10. 下列何者不是網路行銷的核心概念？ (A) 需要 (B) 慾望 (C) 詐騙 (D) 品牌。

memo

02 CHAPTER

行銷策略與網路行銷

2-1 網路行銷應具備策略思維

網路行銷需要策略思維嗎？答案肯定是的！因網路行銷也是公司的策略之一，尤其現在大環境的改變與流行疾病的干擾，原本在實體經營的企業，恐怕必須面臨轉型，不管是近期全球面對疫情採取封城，網路行銷就是能即刻解決的策略，幫助公司執行各項目標，不用前往公司工作，同時也將公司產品放置網路行銷，因此，公司經營者與網路企劃必須學習策略思維！

以策略為名的學者專家麥可．波特 (Michael Eugene Porter, 1947)，他提到企業本身競爭策略，可以分為成本領導、差異化、集中化等三種策略，一般而言，策略的運用來自於目標的建立，多數的公司會在年底檢視公司整個年度的執行情況，並且對來年作目標的設定與策略規劃，但有些時候，如競爭者的干擾、環境的變化及政策的改變，也都需要有備案來因應。

如何配合改變就是具備策略的關鍵，以 COVID-19 疫情為例，網路行銷就是應付疫情的策略，透過策略有系統的達成既定的目標，面對網路上任何狀況也必須調整操作策略，才能實踐與落實公司的目標，在經營管理的領域裡面，有一個非常著名的觀念就是策略「規劃」，大家談到規劃，一般會想到是計畫，但規劃與計畫並不完全相同！規劃是長期的安排，考量的範圍較深且廣；計畫則是進行短期的工作安排，屬於執行層面。因此，規劃並不是一件容易的事情，策略規劃是一套決策管理的程序，用來發展跟維持企業的目標，並促使組織的內部與外部資源，能夠做最有效的配置，網路行銷是公司的執行面，所以必須要以策略規劃來建立。

策略規劃的程序包含三大層面：規劃、執行與控制：「規劃」包含公司規劃、事業體的規劃、產品的規劃；「執行」包含組織的執行；「控制」包含衡量結果、診斷結果、同時採取行動及修正行動。完整的策略規劃程序如下：

步驟一、公司的經營使命。

步驟二、進行內部、外部的分析（SWOT 分析）。

步驟三、形成公司的目標。

步驟四、形成策略。

步驟五、計畫執行。

步驟六、回饋與控制。

上述策略規劃程序中的步驟四「形成策略」，更是網路行銷需要學習的重要環節，因為策略是行銷市場制勝的關鍵之一，非建置網站或加個購物車而已，我們首先需要確認我們的策略為何？如果公司本身是成本領導策略，強調高價和平價，網站的行銷可能要思考如何跟公司總體策略來互相搭配；又或者公司的總體策略走的是差異化，那麼公司的網站該如何呈現特色？如何與競爭者不同？網路行銷者必須要了解公司目前執行的策略為哪一個方式。

接下來，我們介紹麥可．波特所提出的策略，競爭策略一般可分為成本領導策略、差異化策略及集中化策略三個部分：

一、成本領導策略

一般來說，擁有成本領導地位的企業通常會用低價策略來爭取全面成本領導，試圖以低成本、低價格與競爭者競爭，希望贏得更大的市場占有率！在這樣的策略當中，怎麼樣讓消費者在瀏覽網站的時候，能夠知道公司在價格上面的優勢，或者強調 CP 值，即便價格維持不變，成本領導也要讓顧客了解物超所值。

如果公司的企業規模更大，運用成本領導策略，其競爭的範圍跟顧客範圍也更為廣大。在成本領導策略有三個較為重要的因素：1. 各式控制成本的驅動因素，包括加強管理成本的變動因素、資源完全之運用；2. 重新建置價值鏈，如生產者的價值鏈生產、廣告手法及配銷通路；3. 建立成本優勢，維持有效的長期成本優勢來保持自己競爭性。

二、差異化策略

企業具有獨特性，可以贏得顧客的青睞，進一步獲得企業競爭優勢，例如網站行銷跳脫原來公司地域的因素，提供不一樣的通路型態（網站購物）。差異化包括產品、產品服務、人員、流程四個構面：

（一）產品差異化

產品差異化可從多角度來討論，包括：產品的特性、包裝、材質、成分、設計、顏色等，網路行銷通常會在品牌、產品的包裝上表現差異化，如何讓公司的品牌或產品透過網站傳遞，整體的網站包裝就顯得非常重要！也可以說是用設計、顏色來做視覺差異化，例如：在科技業的官網設計，一般顏色呈現都以冷色調為主；如果是在時尚產業，就會出現許多象徵潮流與流行的圖片，以精品產業 Burberry、LV 為例，當你進入到官網，馬上讓你感受到猶如一場時尚秀，有別於傳統的服飾品牌官網，它帶給網友的第一印象就是流行。品牌差異化鮮明獨特，讓每一件看似平面的產品，都能藉著情境與背景，讓你印象深刻！

在差異化的實例當中，也包括了部分官網會運用版型的設計，來強化產品的優勢，近期有許多的網站，會放棄傳統的編排，提供生活情境和簡約的調性，有時會有背景音樂，讓顧客到網站瀏覽不覺得壓力，在過程中，也會主動下載、轉寄給朋友。品牌網站有系統的提供產品知識與資訊，在產品的介紹上讓人一目了然，讓顧客主動發現公司最新款式的產品，這些都是產品差異化的手法。

（二）產品服務差異化

網路行銷手法五花八門，雖然無法像實體店面一樣與顧客直接面對面接觸，但也要讓顧客有親臨現場的感受，因此產品服務必須要更能貼近顧客的需求，就算是線上購物也要能感受到「被服務」，例如：有些網站提供了客製化的服務，如球鞋讓你自己選擇鞋款、鞋帶、鞋面、顏色；甚至 BMW 房車提供各項配件選擇服務，網路商店能夠根據顧客的需求，提供不同的選擇，針對不同對象、條件，讓顧客挑選出適合的購物方式。面對衆多的商業競爭，服務要顯現出差異性，則必須以顧客為導向，推出更勝一疇的貼心服務。

（三）人員差異化

網路行銷一般是透過線上客服的方法，來解決顧客的任何問題，如金融保險線上 Q&A，讓顧客不限時間與空間限制，能隨時解決問題；又如精品業，要到門市購物前也可線上預約日期，有專員直接線上即時回覆服務，讓實體與虛擬通路同步進行。即使線上服務縮短了時空的距離，在服務品質上更要留意，人員的即時性、有效性就能展現出品牌的差異性。又如航空公司的空姐，也會有穿著、外型以及表達的差異性。

（四）流程差異化

過去 PChome 24h 購物是線上購物中到貨最快速的平台，但近年來科技物流技術的提升，提高了配送效率，現訂現出貨，最快 6hr 即可送達，甚至有些店家擁有自家合作的配送物流，下單後立即配送，不用等待。在網路行銷上流程的差異化是一個行銷的誘因，網購沒有時間、空間限制，顧客透過網路就能夠立即選購自己喜歡的產品，因此網購的流程配合網路科技的速度，可以說是如虎添翼！不管是預約制、線上訂購與付款到自行退換貨，流程簡化更提高效率，同時也減少了許多成本，以上這些特性，都可以是流程差異化的特色。

三、集中化策略

集中化策略是採取市場集中化的方式進行，透過企業放棄全面市場的經營，進而專注一個或小的幾個市場。麥可．波特強調，以集中化策略讓中小企業針對大企業沒有辦法經營的空隙來集中資源以獲取利潤。除了上面的基本策略外，其他策略如實體與虛擬結合、在地化思維、全球化思維與特色經營等，都是經營者要多方著手之處。

限時貼文一

NIKE

NIKE 官網推出「如果你是一雙鞋，你會怎麼做？」活動，你的鞋自己設計，穿出你的 STYLE 的概念，吸引消費者的目光。

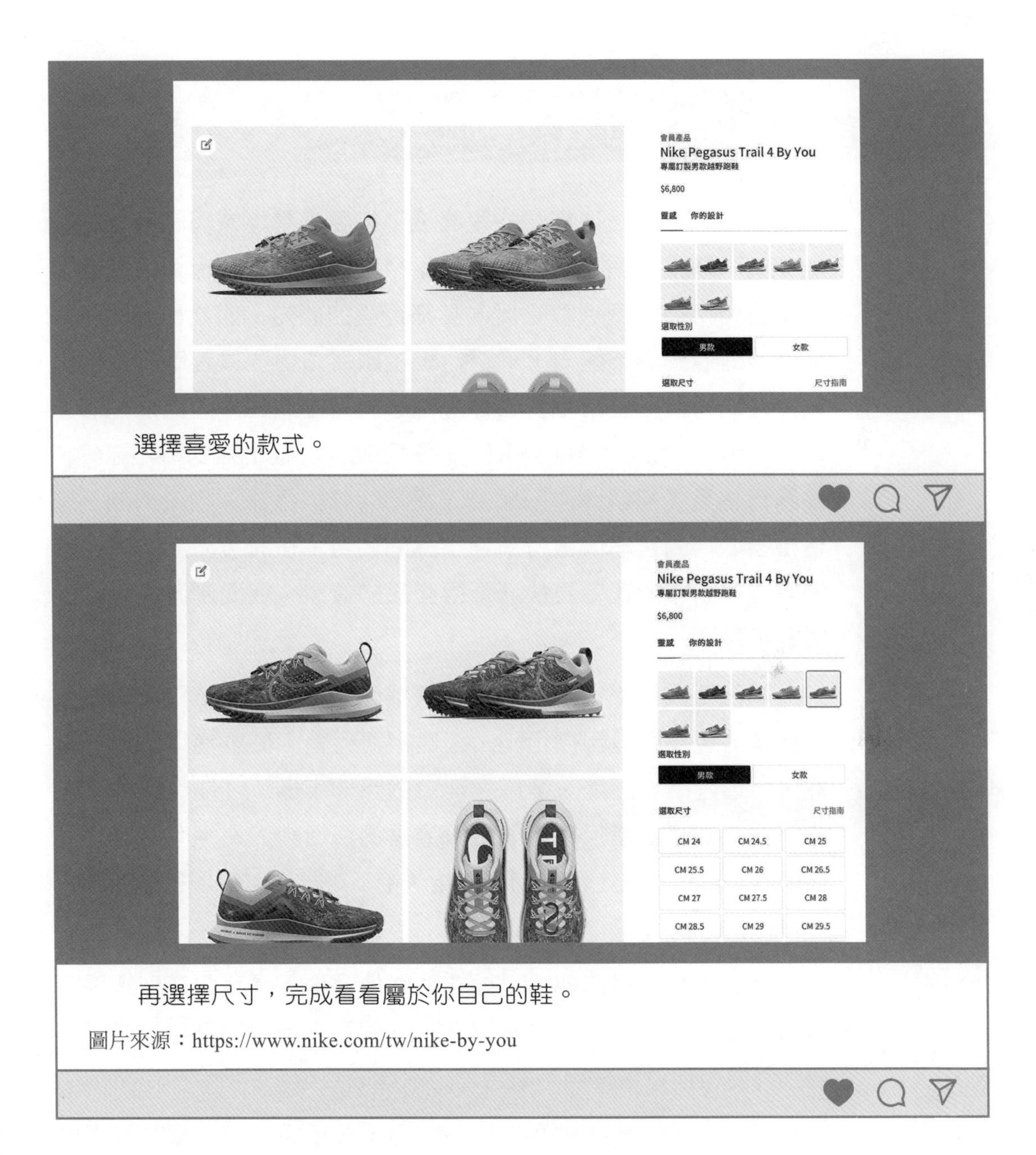

選擇喜愛的款式。

再選擇尺寸，完成看看屬於你自己的鞋。

圖片來源：https://www.nike.com/tw/nike-by-you

2-2 網路行銷致勝心法

了解前一節三項重要的策略後，接著來看專業網路行銷的核心架構，網路行銷的核心必須看重行銷規劃，網路行銷人員必須具備分析市場的商機敏感度、基礎行銷的能力，如產品、品牌、通路、訂價等專業能力，網路行銷企劃實力更要具有敏銳的觀察力，企劃人員應經常瀏覽各類網站，同時注意實體通路的動態，掌握競爭者的資訊，知己知彼、百戰百勝！除了上述的能力之外，網路行銷需了解各種入口網站、購物商城與金流、物流機制，學習檢視公司的官網與數位溝通工具的使用，在開發未知的潛在市場時，去引導消費者更快速獲得產品的資訊，進而刺激消費者的購買意願。

網路行銷需學習市場區隔與選擇目標市場，傳統行銷屬於大眾行銷，現在則是目標行銷，因此網路行銷人員要懂得分辨市場需求。透過市場區隔，選擇要開發的目標市場，才能夠集中有限的行銷資源來創造無限的價值。這是網路行銷人員應有的市場操作模式，當我們選定目標市場之後，接下來才可以發展行銷方案，作為行銷的執行。

其他尚需涉獵的部分，如顧客關係管理，是我們在做網路行銷的關鍵，能夠讓我們清楚方向、打擊目標市場與投其所好！最後我們要有預算管理與時間管理，以達成目標。

其他網路行銷致勝條件尚有如何掌握資訊、追求專業及應變網路資訊的智慧，同時傾聽顧客、了解顧客需求、滿足並創造需求，網路行銷與策略其實是息息相關，希望行銷人能夠在網路世界，做好公司最佳的靈魂人物，在網路世界為公司定位與創造競爭地位。

2-3 認識網路行銷工具

網路行銷企劃需要知道的專業工具，包含社群行銷、IG、Line、部落格、關鍵字廣告、影音平台 YouTube、粉絲專頁經營、網路直播等，這些常常見到的字眼，是身為行銷人才在操作網路行銷這個領域時，應該了解的知識跟工具。另外，在網路常出現意見領袖 (KOL)，分為幾種現象，第一個是網紅，也就是網路紅人；第二是部落客；第三是直播達人，這些角色造就網路世界的多采多姿，臺灣社會在應用網路行銷方面已經非常的成熟。

網路行銷現階段都以圖像溝通與新興的年輕族群打交道！最好的社群平台例子就是 Instagram，以目前的趨勢發展，IG 已超過 FB 的使用率；而最常用的通訊軟體是 Line，約有 1,800 萬智慧型手機的用戶，幾乎都有一個 Line 帳號，一般 Line@ 生活圈跟官方 Line，都可以進行網路行銷；另外在網路上表現亮眼、有影響力的人，我們通常稱為網紅，網紅亦是網路行銷平台的操作主力。

最後，我們要學習網路行銷工具中的專有名詞：第一個 CTR：點擊率 (Click Through Rate) 代表廣告被用戶點擊的機率；第二個是 CPM(Cost Per Mille)：每千次曝光成本，亦可說是廣告曝光 1,000 次時，公司需支出的花費；第三 CPC(Cost Per Click)：每次點擊成本，代表用戶每點擊一次廣告，需支出的花費。這三者都是數位廣告的專有名詞，其他專有名詞，如 CPA 每張訂單的成本轉換率 (convert)，以及最後要了解廣告投資報酬率 (ROAS)，這都是深入網路行銷的平台時，必須了解的後台操作。

一、掌握 Facebook 資訊

透過 FB 行銷，讓顧客進一步了解目前公司正在進行的活動，以知性與趣味來引導參與的動機，發文的內容也可強化產品的資

訊與特色，或是有特殊節日到來，也能符合時節帶給顧客問候，以增加品牌知名度與好感度，有些公司會企劃創意活動來拉近顧客與公司的關係，以利長期顧客關係管理。

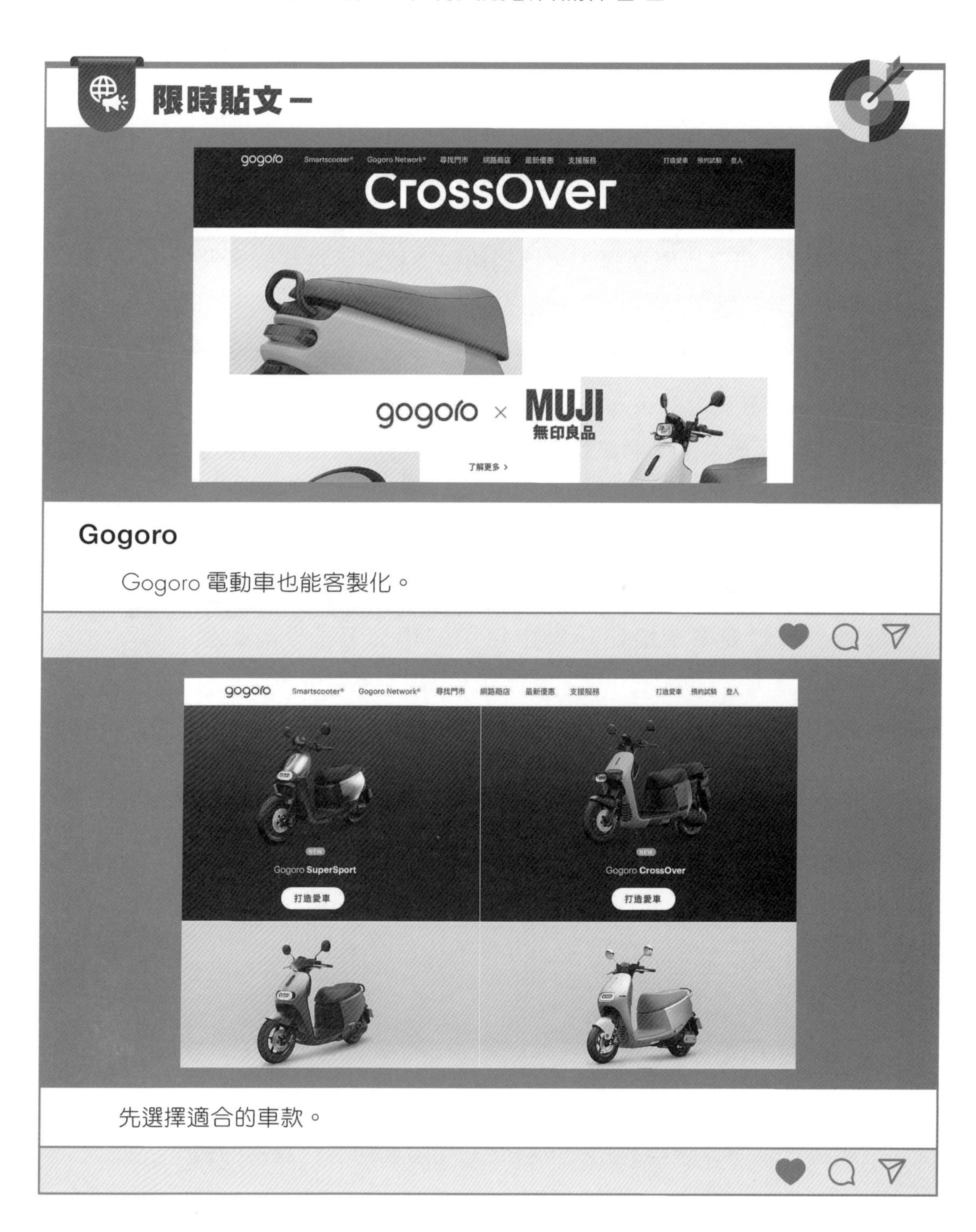

限時貼文一

Gogoro

Gogoro 電動車也能客製化。

先選擇適合的車款。

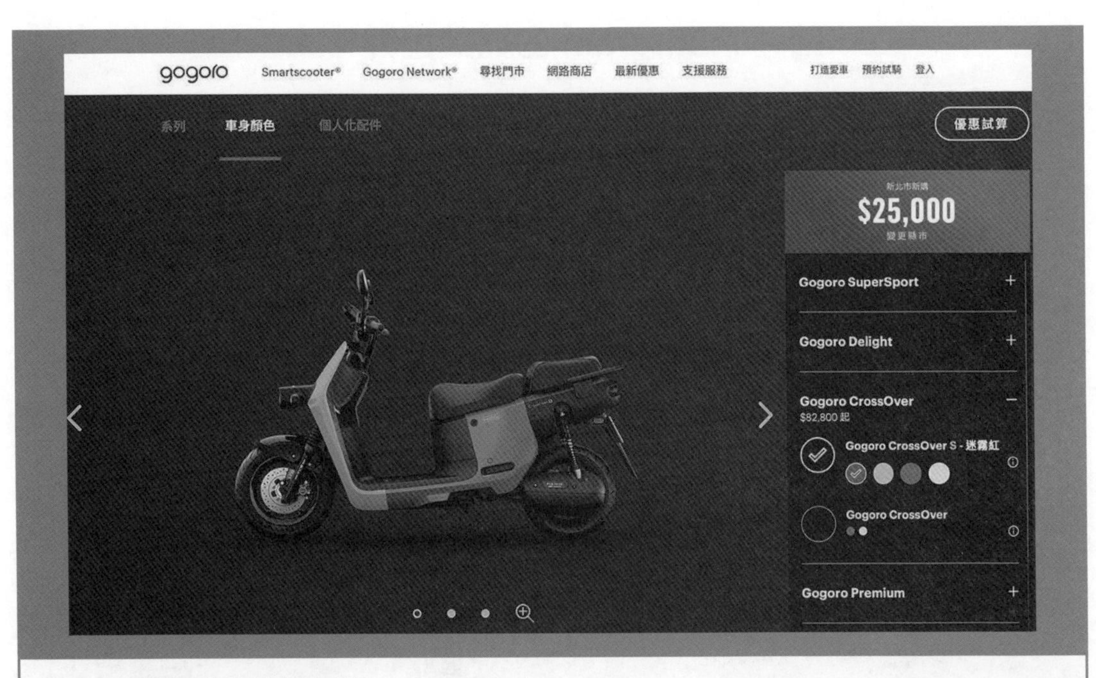

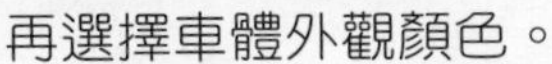
再選擇車體外觀顏色。

清楚自動車體特色。

以上圖片來源：https://www.gogoro.com/tw/

二、踏進 Instagram 的網美世界

近年 Instagram 十分流行！已超越了 FB 的使用族群，多數消費者開始喜歡閱讀圖片勝過文字，舉凡生活中微小的事件、到品牌經營，我們都能運用 IG 傳遞給身旁的夥伴，IG 的圖文呈現更是行銷的利器，甚至運用網紅置入，就能即時抓住消費者目光，觸及消費者內心。

可不可熟成紅茶

定期更新商品，並拍攝形象照，在 IG 版面上精心設計編排，就能打造品牌形象，吸引消費者的目光。

圖片來源：https://www.kebuke.com/

三、隨手取得 Line 日常生活

目前人人都使用 Line 這項通訊軟體，不知不覺地依賴上它，因此透過 Line 生活所傳遞的日常生活訊息與圖文，自然就主導了許多人在生活中的食衣住行，好像一個導遊，帶領我們漫步與體驗生活，許多商機與廣告亦就置入其中。

限時貼文－

ibon 便利生活站

突然需要列印時怎麼辦？ ibon 提供顧客透過網路與 APP 完成有待進行的公事。從儲值繳費、好康紅利、列印掃描等，能夠與顧客在雲端相遇，同時業者也搭配多項優惠活動，例如：City Café 優惠折扣等，讓網路結合實體通路，創造更多機會讓各個廠商能策略合作。

圖片來源：ibon 官方 LINE 截圖

LINE 貼圖最前線

LINE 貼圖是一般人經常會下載的圖，為了運用在 LINE 通訊時的溝通輔助工具，不論各種圖案設計與文字，都讓對話多了趣味與同理心，因此近期推出許多款創意的 LINE 貼圖，有些網路新秀也投入學習 LINE 貼圖的行列，如果有些企業想藉貼圖行銷，LINE 貼圖最前線將帶給你更多靈感！

圖片來源：LINE 貼圖官方 LINE 截圖

四、刺激感官動態影音

我們開始發現網路世界已經出現大量的影片貼文，畫面動了起來！讓原本一成不變的靜態內容，開始有了各項效果，不僅聲音、連動畫特效都讓顧客看得目不轉睛，感官彷彿有了更多的刺激與享受，身為現在操作網路行銷的企劃們可別忽略了影音新趨勢，在規劃內容時也要同步更新。

YouTube

已成為國民每天的生活，無論老少都愛 YouTube 的影片與音樂，隨著音樂感體會網路世界的經驗與驚艷！如果企業或個人想露出或曝光，善用 YouTube 吧！絕對讓你有機會爆紅！

圖片來源：https://www.youtube.com/feed/trending?bp=6gQJRkVleHBsb3Jl

談到行銷策略，許多人認為要長期規劃與籌備，但疫情改變了消費者的購物心態與商業模式。

所以我們要腦力激盪！敏銳度與轉換力才是策略的關鍵性能力，「商品秒殺」常應用於購物現況，但商機與失守，更是秒速！張大您的心眼、提高您的敏感度，策略非紙上作業，而是起而行，無畏困境！ Do it ！！

行銷活動大比拼

請分享你經常在關注的網拍、電商平台或推薦讓你印象深刻的網路行銷手法。

喜歡網站：

照片

行銷主題：

特色分析：

學習評量 REVIEW ACTIVITIES

( ) 1. 下列何者不是麥可．波特提出的行銷策略？ (A) 成本領導策略 (B) 集中化策略 (C) 差異化策略 (D) 聯盟策略。

( ) 2. 下列關於成本領導策略敘述，何者正確？ (A) 擁有成本領導地位的企業通常會用高價策略來爭取 (B) 各式控制成本的驅動因素，包括了減少管理成本的變動因素 (C) 如果公司的企業規模更大，其業務競爭的範圍跟顧客範圍也更為廣闊 (D) 不太重視生產者的價值鏈生產的方式，還有他的廣告手法以及配銷通路。

( ) 3. 關於差異化策略，下列何者正確？ (A) 花大錢就能創造企業的獨特性 (B) 企業的獨特性可以贏得顧客的需求得企業就可以獲取競爭優勢 (C) 為了跳脫地域因素，公司一定要打造新通路 (D) 為了獨特性，成本比競爭者過高也沒關係。

( ) 4. 下列哪些要素是集中化策略的特色？ (A) 用低價策略來壓低成本 (B) 企業放棄小型市場，目標客群放在主流大市場 (C) 公司沒有比其他企業不用較高成本的優勢和產品差異化能力 (D) 能讓中小企業針對大企業沒有辦法經營的空隙來集中資源獲取利潤。

( ) 5. 下列關於一個好的網路行銷人員應做的事，何者錯誤？ (A) 要分析市場的行銷商機 (B) 學習網路程式規劃的程序 (C) 沿用老方法，即使市場不受親睞也一樣 (D) 開發未知的潛在市場。

( ) 6. 下列何者不是行銷企劃書須記載的項目？ (A) 產品沿革史 (B) 價格企劃 (C) 配銷通路的計畫 (D) 廣告促銷計畫。

( ) 7. 下列何者不是網路行銷常用的專用工具？ (A)IG (B) 臉書 (C) 無名小站 (D) 關鍵字廣告。

( ) 8. 下列何者不是網路意見領袖？ (A) 歌手 (B) 網路紅人 (C)YouTuber (D) 部落客。

(　　) 9. 下列敘述何者正確？ (A) 網路行銷現階段目標客群為新興的年輕族群 (B) 網路行銷現階段更要學會用文字與消費者溝通 (C) 臉書是當今臺灣年輕人最愛的社群平台 (D) 貼文點擊率一定能轉換成產品銷售量。

(　　) 10. 下列何者是網路行銷常用的專有名詞？ (A)csr (B)com (C)cpm (D)ccu。

03

CHAPTER

網路行銷基本功

3-1 網路行銷特性

一、互動性

網路最大的特色是打破空間及時間的距離，跟傳統的媒體最大的不同就在於互動性。顧客跟店家之間的聯繫可透過網路瀏覽、搜尋廣告、電子郵件，以及線上客服等等的方式，根據買賣雙方的消費／銷售行為，店家可提供客製化的資訊或產品；顧客則能享受即時、客製化的服務。

二、個人化

個人化是透過顧客過去消費所收集的資料跟數據，依照每一個人的消費經驗來打造專屬的行銷，因為量身訂做的商品自然就會讓顧客願意花錢購物，所以個人化是目前行銷當中最具效果的方式。網路行銷勢必走上個人化的趨勢，如果我們洞悉高價值的顧客關係，我們自然就會優化彼此的顧客經驗，對品牌產生更多美好的印象。

三、全球化

目前全球上網人數不斷地增加，形成了所未見的普及化，因為網路打破了時空差距，國與國之間邊界已經不存在，透過網路拉近了彼此的距離，提供了無國界、全年無休的全球化行銷體驗。

四、低成本

2004 年有學者克里斯．安德森 (Chris Anderson) 提出了長尾效應 (The long tail) 的現象，指不具有銷量的產品，但因種類多，由於總量巨大，累積的銷量超越主流商品。長尾效應顛覆了傳統的想法，為全球帶來了新商業現象。只要透過非主流產品的總銷量夠大，也能夠跟主流需求的產品相抗衡，低價格「低成本」特性，就反應出長尾效應的效果，低價格讓顧客願意常常透過網路來下單，企業跟消費者不斷地達到互謀其利。

例如：以往傳統的廣告模式只能透過媒體，而現今網路時代帶來的廣告形式可以使顧客不斷地看見並回流，同時又以低成本來創造品牌的高能見度與知名度，開創更大的市場。

五、可測量性

許多的網站都會根據數據分析來評斷網路行銷的成效，因為在媒體當中可以精準的測試、取得數據分析，是行銷成功的基石，可測量性就是能夠找出顧客的消費行為、網路流量的強度、多少的行銷效益，以作為企業未來修正行銷策略的參考依據。

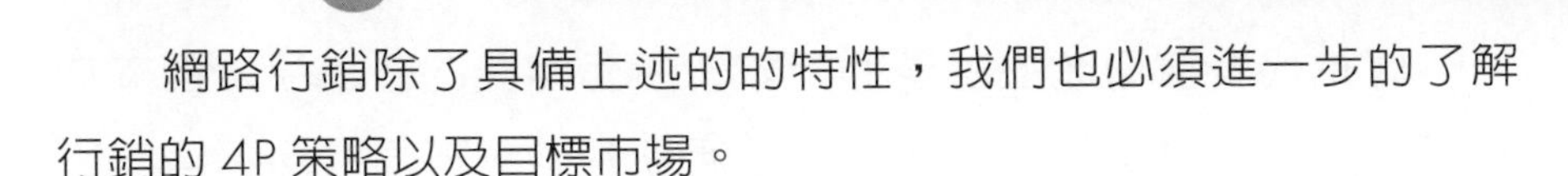

3-2 秒懂行銷組合策略

網路行銷除了具備上述的的特性，我們也必須進一步的了解行銷的 4P 策略以及目標市場。

一、4P 是什麼？

行銷基本公式 4P 策略在每一個行銷過程都必須去檢視網路行銷的模型，行銷 4P 的元素往往是跟 4C 相互呼應、相互影響的組合。

（一）Product －產品

包括有形的產品或是無形的服務，企業會先針對消費者的需求開發不同的產品，並設計獨特的特色或賣點。因為不同產品的週期都不盡相同，我們需根據不同的產品，規劃行銷策略與方案。

（二）Price －價格

價格表示消費者會願意為產品支付的成本。調整價格對於市場策略有重要的影響，企業會從不同的市場定位，以及企業本身的品牌策略，訂定不同的價格策略。

而產品的價格不單單與生產成本有關，更需要考量到顧客感知價值 (customer perceived value, CPV)，如果產品價格比感知價值高或是低的話，都有可能失去部分的潛在消費者；因此，消費者可接受的價格範圍，甚至是競爭者的定價策略，也都是企業可以參考的資訊。

（三）Place －通路

通路是將產品從生產者（包含製造者、供應商）移轉到消費者或使用者的組織或企業，也就是消費者或使用者購買或取得產品或服務的地方。消費者要在哪裡找到你的產品、選什麼運送管道，才能讓消費者最容易成功收到，都是選擇通路需要考量的問題。

（四）Promotion －促銷／推廣

促銷代表宣傳產品的溝通方式，所有常見的行銷手法都屬於這個範疇，包含廣告、公關、折扣活動等，讓不同的目標客群可以認識或接觸到產品。

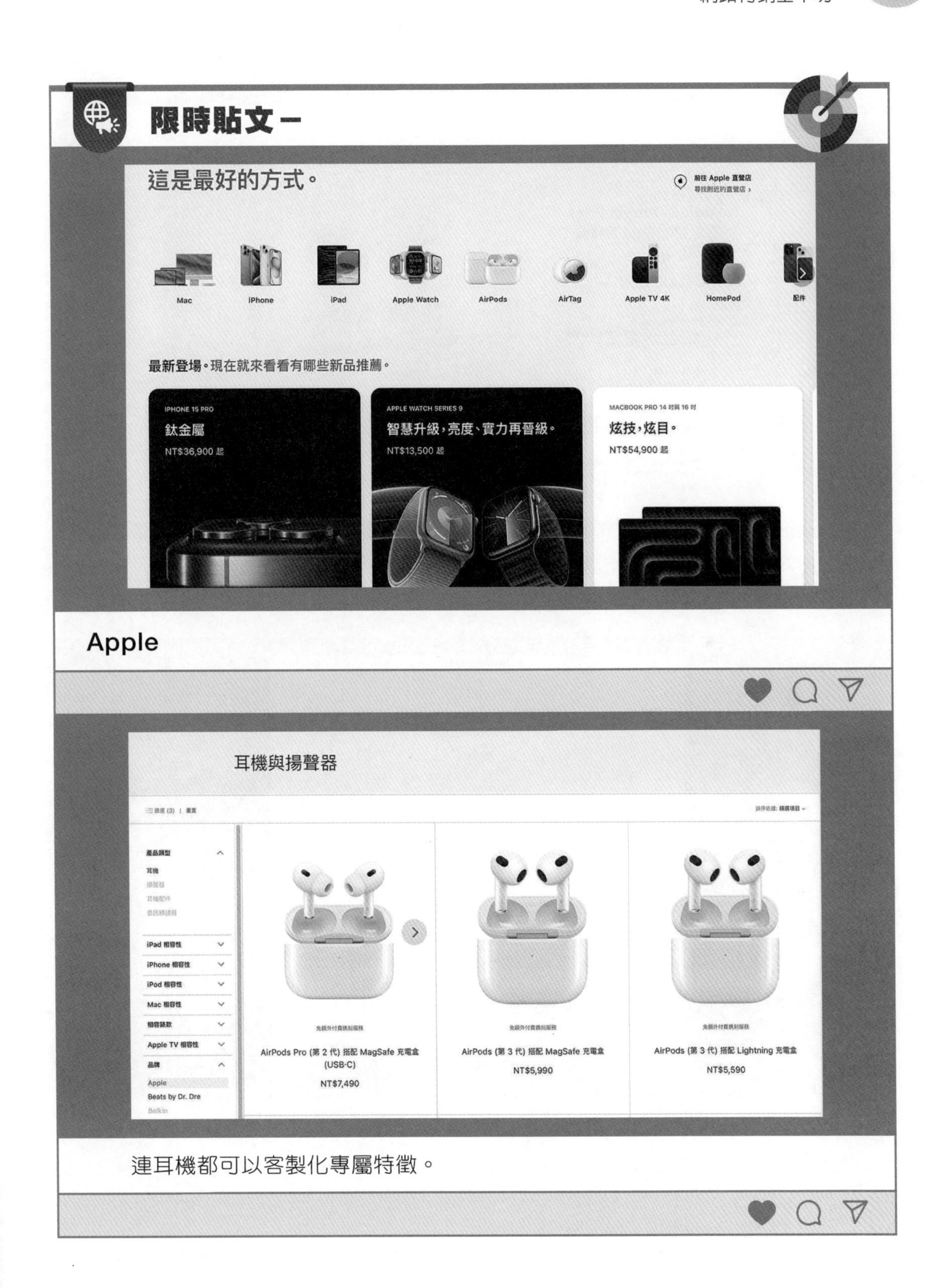
限時貼文－
這是最好的方式。
Mac
iPhone
iPad
Apple Watch
AirPods
AirTag
Apple TV 4K
HomePod
配件
最新登場。現在就來看看有哪些新品推薦。
IPHONE 15 PRO
鈦金屬
NT$36,900 起
APPLE WATCH SERIES 9
智慧升級，亮度、實力再晉級。
NT$13,500 起
炫技，炫目。
NT$54,900 起
Apple
耳機與揚聲器
AirPods Pro (第 2 代) 搭配 MagSafe 充電盒 (USB-C)
NT$7,490
AirPods (第 3 代) 搭配 MagSafe 充電盒
NT$5,990
AirPods (第 3 代) 搭配 Lightning 充電盒
NT$5,590
連耳機都可以客製化專屬特徵。

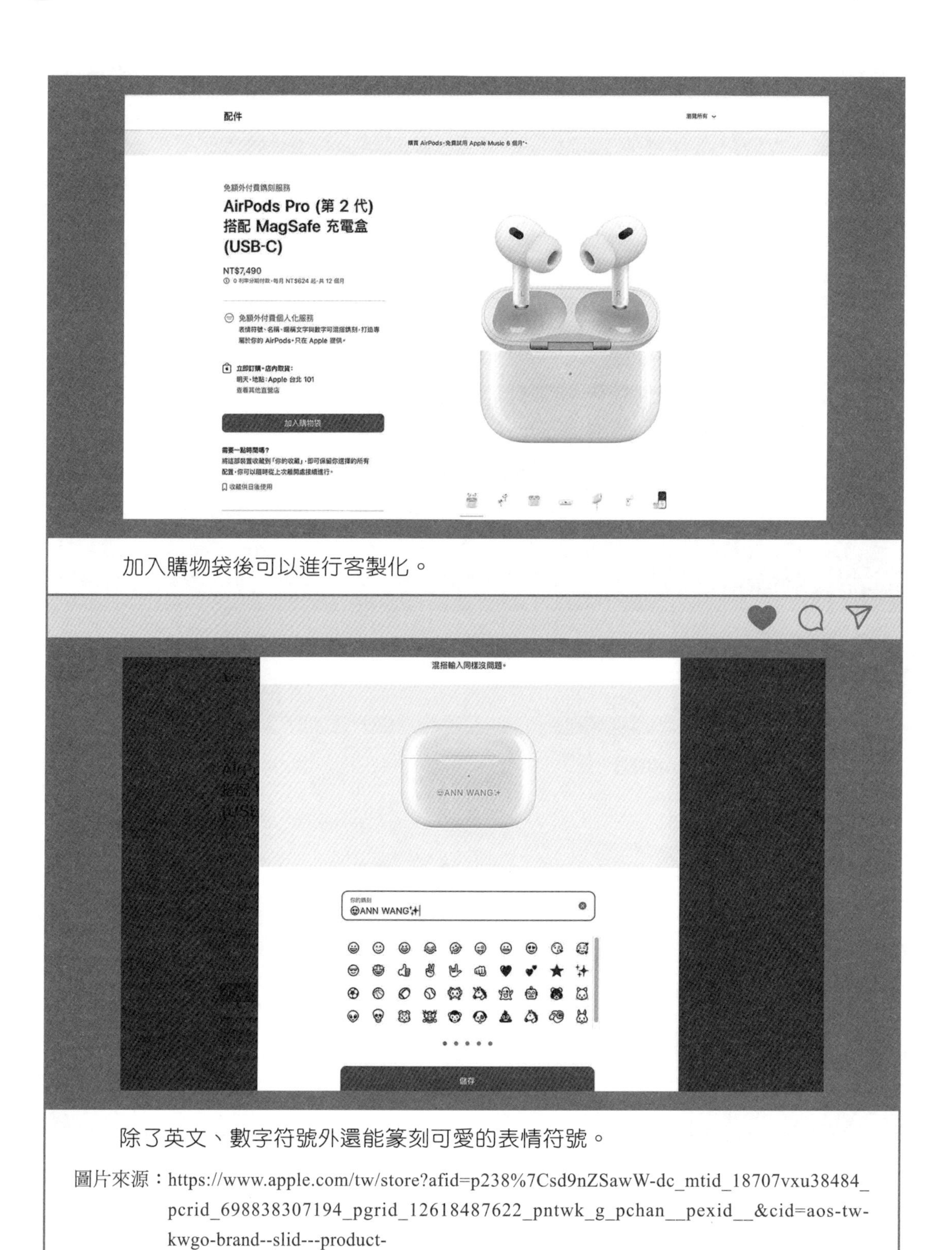

加入購物袋後可以進行客製化。

除了英文、數字符號外還能篆刻可愛的表情符號。

圖片來源：https://www.apple.com/tw/store?afid=p238%7Csd9nZSawW-dc_mtid_18707vxu38484_pcrid_698838307194_pgrid_12618487622_pntwk_g_pchan__pexid__&cid=aos-tw-kwgo-brand--slid---product-

二、4C 是什麼？

當了解行銷 4P 後，我們可以用另一個層面來呼應行銷 4P，稱為行銷 4C。

（一）Customer －顧客

企業在推出產品前，必須首先了解市場和研究顧客，根據他們的需求來提供產品；同時，企業提供的不僅僅是產品和服務，更重要的是由此產生的顧客價值。

（二）Cost －成本

這裡所提的成本，不單是企業的生產成本，更包括顧客取得產品的成本，包含購買前蒐集資訊及購買所花費的時間成本；而產品定價的理想情況，應該同時滿足低於顧客的心理價格，亦能夠讓企業獲利的數字。

（三）Convenience －便利性

相較於傳統的行銷通路，企業應更重視顧客購買商品的方便程度，不僅能購買到商品，也可以購買到方便性。

（四）Communication －溝通

企業不再是單向地向顧客促銷，更應與顧客建立積極有效的雙向溝通關係，在雙方的溝通中找到能同時實現各自目標的方法。

表 3-1 行銷 4P v.s. 行銷 4C

行銷 4P	行銷 4C
產品 (Product)	顧客 (Customer)
價格 (Price)	成本 (Cost)
通路 (Place)	便利性 (Convenienc)
促銷／推廣 (Promotion)	溝通 (Communication)

限時貼文－
UT me!
店舖現場貼圖設計自己做
※台灣僅有貼圖設計之客製化服務
※本服務僅UNIQLO TAIPEI全球旗艦店、西門店、ATT4FUN信義店
自己的UT自己做!打造我的專屬T-shirt!
Design your own T-shirt!UTme!讓你發揮創意，客製專屬於你的獨特T恤。不管你想印製親子裝、朋友閨蜜服、社團團服或是派對的主題Dress Code，獨一無二的Style輕鬆擁有!
實體店鋪特別企劃 期間限定
如何購買UTme!
貼圖創作
UNIQLO-UT
UT 為 Uniqlo 特色 T 恤。
實體店鋪特別企劃 期間限定
如何購買UTme!
貼圖創作
如何購買UTme!
STEP 1
在店舖專屬UTme櫃台選擇您的尺寸
STEP 2
創造您的專屬設計
STEP 3
確認設計規範
STEP 4
您的專屬設計將會被印製，立刻帶走您的專屬設計商品
貼圖創作
選擇您最愛的貼圖設計在T恤上
UT 可以客製屬於自己的專屬 T 恤。。

圖片來源：https://www.uniqlo.com/tw/zh_TW/ut.html

行銷 × 小創業

創業一不用大資金，不用找門店！因疫情門店也開不了，但行銷做得了！多年心底那個小夢想、小念頭＝創業非難事，創業往往只欠東風，東風就如時勢，時勢造英雄，好吧！當個小英雄！！困境下啓動圓夢！

沒有個困境，就沒有動力，小創業，正是時候…

數位行銷前哨戰　吸睛商品大特寫

請選擇一項你最愛的商品，並開始分析為何吸引你，讓你一秒讀懂行銷成功術。

我愛商品：

照片

行銷策略比一比：

應用 4P 策略分析：

應用 4C 策略分析：

解讀成功關鍵：

學習評量  REVIEW ACTIVITIES

( ) 1. 下列何者是網路行銷特性？ (A) 在地化 (B) 互動性 (C) 高成本 (D) 不可測量性。

( ) 2. 下列敘述何者正確？ (A) 網路最大的特色是打破空間及時間的距離 (B) 網路商家因為沒有面對面與客人接觸，無法做客製化商品 (C) 與傳統的媒體最大的相同點就在於互動模式 (D) 不太重視生產者的生產流程。

( ) 3. 下列敘述何者正確？ (A) 即使客人因購買體驗不好，上網抱怨產品，公司只要請網軍洗評價就能壓下去了 (B) 比起量身訂做的行銷方案，只要把錢用下去，就能拉到很多客人 (C) 店家可以透過顧客的搜尋紀錄與訂單等提供了客製化的資訊或產品 (D) 因為客人摸不到產品，只要有美美的產品照，產品品質就算不好，客人也會下單。所以我的公司也能這樣經營下去。

( ) 4. 下列敘述何者正確？ (A) 收集客戶數據不會有侵犯隱私權的問題 (B) 全球化行銷有助於公司擴大市場 (C) 優化顧客體驗不能吸引顧客持續回購 (D) 行銷個人化的成本過高，對公司盈利較無助益。

( ) 5. 下列敘述何者為非？ (A) 網路可以拉近彼此的距離甚至是無國界 (B) 測量性就是能夠量化顧客的消費行為 (C) 數據分析可以增加行銷策略的精準度，助於達到公司業績 (D) 就算通過網路行銷，非主流需求量的產品總銷量也不能與主流需求的產品量相抗衡。

( ) 6. 下列何者不是媒體廣告的現況？ (A) 圖片廣告比文字廣告吸引消費者注意 (B) 媒體傳播的速度愈來愈快 (C) 現在媒體廣告入門門檻越來越高 (D) 網路行銷可以用低成本讓顧客不斷地回流。

( ) 7. 下列網路平台的敘述何者正確？ (A)PChome 有負責外送食物到你家 (B)foodpanda 因疫情崛起，外送使用者日益增多 (C)uber 有從事大眾運輸業 (D) 蝦皮在全球業務沒有虧錢。

( ) 8. 下列何者不是 4c ？ (A) 價格 (B) 價値 (C) 消費 (D) 通路。

(　) 9. 請問品牌標示不包含下列哪一個選項？ (A) 理念識別 (B) 行為識別 (C) 顏色識別 (D) 視覺識別。

(　) 10. 下列哪一個選項不是行銷通路的型態？ (A) 零階通路 (B) 二階通路 (C) 三階通路 (D) 四階通路。

04 CHAPTER

創新與網路行銷

4-1 創新於網路行銷的重要性

網路行銷相對於傳統市場行銷就是創新！ Clark & Guy(1998)認為創新是將知識轉換為實用商品之「過程」，強調在該過程中，人、事、物以及相關部門的互動與資訊回饋；創新是創造知識及擴散知識最主要來源。因此，創新是國家或企業提升競爭力之重要手段。

彼得．杜拉克 (Peter Drucker, 1909~2005) 更認為創新是為了創造一個新的績效領域 (Innovation is change that creates a new dimension of performance)，因此，網路行銷具有絕對績效的競爭優勢，會超越傳統行銷，因此無論實體或虛擬店家都要經營網站，並且不斷的創新，基本包含交易方式、關鍵字搜尋、訂單設計、購物系統等，同時提供顧客明確的信任關係，才能促使顧客不斷回流，透過網路行銷創新手法才能有效的創造品牌的知名度。

利過網路創新經營，達到了品牌的宣傳，並贏取更多的顧客認同與增加營業額，開拓了更寬廣的市場。

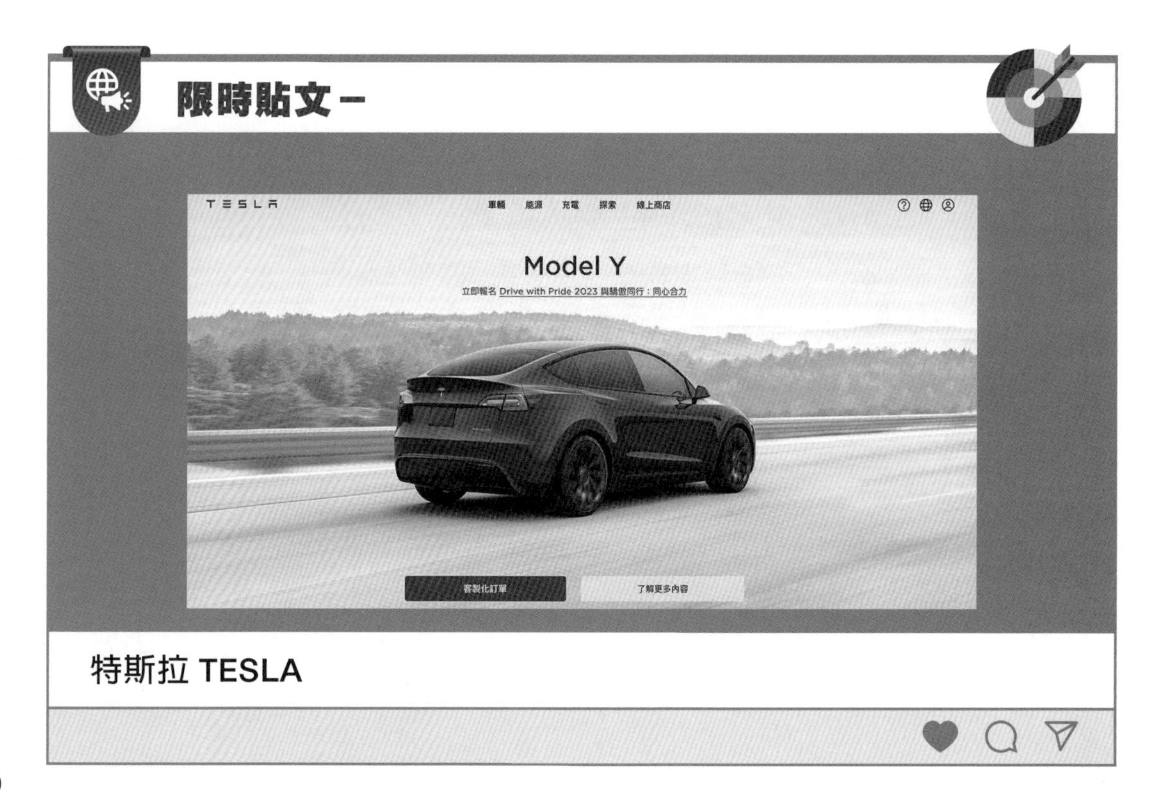

特斯拉 TESLA

選擇特斯拉車型。

選擇車子內裝。

圖片來源：https://www.tesla.com/zh_tw

4-2 創新的內涵

什麼是創新 (Innovation) ？歷年來，業界、學界對於創新的概念是什麼？當我們了解創新的真實意義，我們自然就能夠在網路行銷中，運用創新的概念達到顧客滿意度。

古典學派經濟學者熊彼得 (Joseph Alois Schumpetrer, 1883~1950) 認為創新是企業有效利用資源，以創新生產方式滿足市場的需求，是經濟成長的原動力，更簡單的說，創新可以使企業資源再增添新價值的活動。

創新的方式，目前在學校、產業界提到非常多的方法，我們在此介紹熊彼得的創新，將有助於網路行銷在創新之路的啓示。

熊彼得創新方式象徵新產品的演進，包括：新的生產方式、新市場、新原料，新穎的經營模式、創新的產品、創新行銷法、新型態的服務方式，以及新規模的供應鏈。

創新科技就是一個動機明確、創意發想、溝通清楚的一個流程，如果能夠再擁有創新的習慣、創新的態度，企業在網路上的拓展就能夠源源不絕，在多變的網路世界中，不創新即滅亡，往後「創新」將會提升為行銷應具備的重要態度與能力。

限時貼文－
咖啡
商品
門市
星禮程
第四生活空間
送禮專區
線上門市
25
25週年專區
龍燈喜慶
魚躍新春
了解更多
星巴克 STARBUCKS
星許豐盛寶盒
$1,980
開箱就像尋寶，綜合各式各樣風味餅乾及果酥，推薦闔家分享，各自挑選喜愛的點心，一同開啟豐盛新年！搭配年節限定設計桌布擺飾，增添節慶儀式感，精緻送禮、款待賓客的好選擇。
禮盒內容
星巴克莓果酥x4個、紅椒起司曲奇餅乾1包(6片)、蝴蝶酥x4個、杏仁蛋白霜薄餅1包(4片)、海苔肉鬆薄餅1包(3片)、經典可可薄餅1包(3片)、楓糖奶油腰果2包(40gx2)
了解更多 »
新年特色禮盒每年都有新設計、新創意。

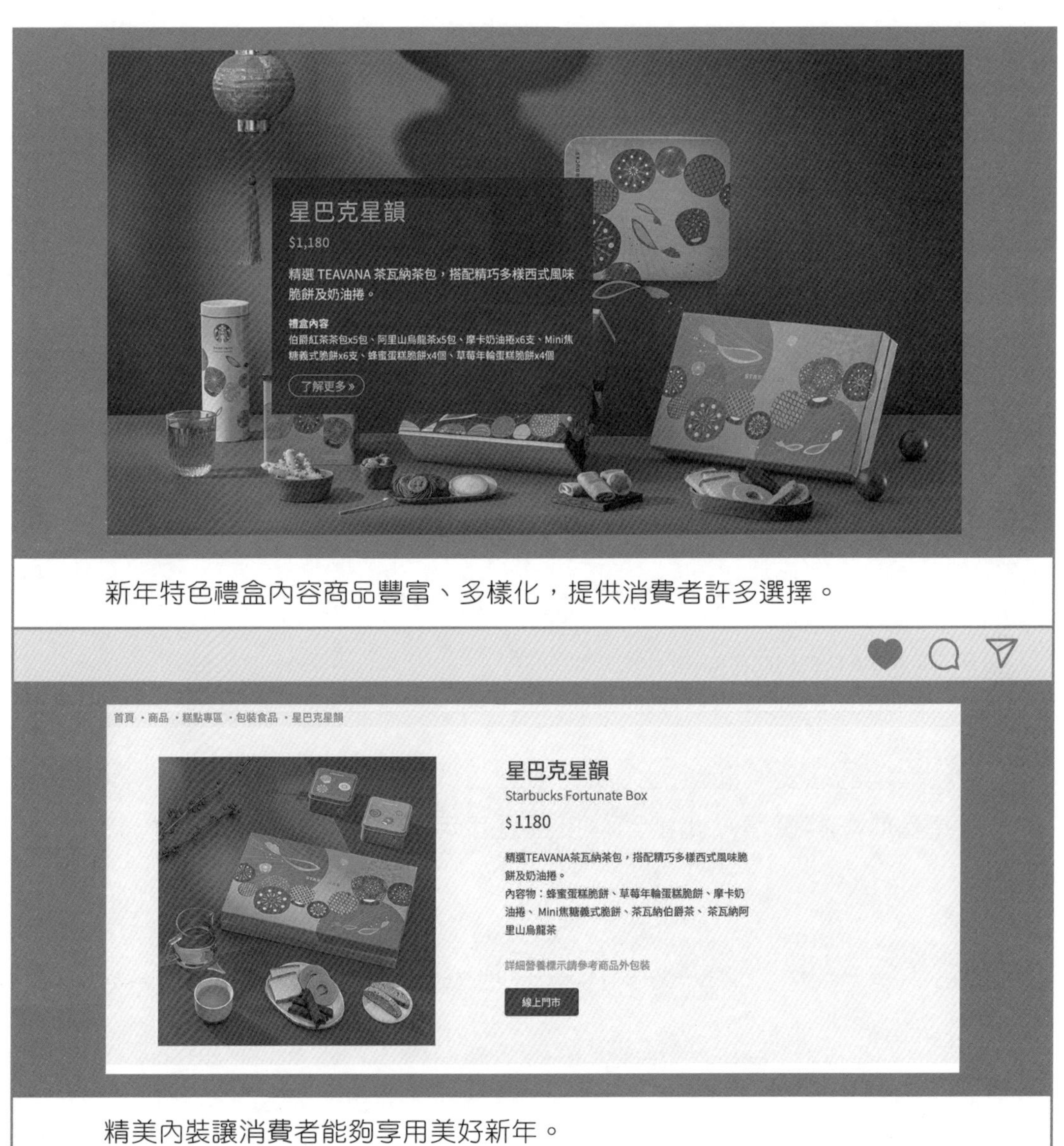

新年特色禮盒內容商品豐富、多樣化，提供消費者許多選擇。

精美內裝讓消費者能夠享用美好新年。

圖片來源：https://www.starbucks.com.tw/home/index.jspx

4-3 網路與創新科技

創新是將新的概念透過新產品、新製程以及新的服務方式實現到市場中，進而創造新價值的一種過程。此一定義，特別強調創新之執行面 (Implementation) 與市場效益面 (Market Effect)。

網路環境下的創新科技，目前虛擬實境是全球最夯的熱潮，許多的智慧型手機大廠包括 Samsung、Sony、HTC，目前都積極在推出虛擬實境的裝置，把它應用在許多消費者習慣的 APP 上。

什麼是虛擬實境？技術上是使用 VRML(virtual reality modeling language) 程式語言，在網路上創造 3D 場景，主要的做法是利用電腦模擬出一個虛擬世界提供給使用者，當中包含視覺、聽覺、觸覺、感官的模擬，好像一個三度空間，這個 3D 立體模型的立體空間最大的特色，主要是呈現互動性，讓參與的人可以在電腦前就有身歷其境的感受，而且能夠跟場景互動，360 度全方位去體驗這個產品的虛擬實境，此創新科技正逐步走向社會化、大衆化的趨勢。

利用虛擬實境，在網路上創造一個全新的世界，應用聲光觸覺讓顧客有身歷其中的夢幻體驗，此技術最廣泛的應用在遊戲軟體、娛樂與教育產業，近期演變到變成醫療教學、練習駕駛、訓練觀光導覽，以及遠距教學。在電影產業中也非常受觀迎，如：侏羅紀公園、星際大戰等，3D 電影一上映門票立即銷售一空。

除此之外，VR 技術也可做導覽，讓顧客在網路世界中，就可以看到實體的飯店景象、實體商店，雖然網路商店無法觸碰實體產品，但卻能讓顧客擁有實際購買的體驗，VR 具備了顚覆電子商務的潛力，像阿里巴巴旗下著名的淘寶網，啓動了 VR 技術，提供消費者運用虛擬實境，連接感應器的眼鏡，可以感覺在虛擬空間裡面購物，這個創舉改變了網路行銷，進階提升了買家的購物體驗，讓商家紛紛主顧建立起個性化商店，成為下一個競爭的新市場。

限時貼文－
2024
優惠四重奏 好評加碼延續
黑卡專屬 獨享好禮
優惠第一重
半價
11點前第二杯
咖啡飲品半價
優惠第二重
+1元
超值早餐飲品
升級美式黑咖啡
優惠第三重
蛋糕9折
11點後飲品+蛋糕
優惠第四重
飲品9折
黑卡點數集5點
活動詳情請見最新消息
LOUISA COFFEE
路易莎 LOUISA COFFEE
1–2月黑卡優惠
超越精品系列
・限量販售 2024.01-02月・
衣索比亞 古吉
安娜索拉・草莓水洗 G1
Ethiopia Guji Anasora
Strawberry Washed G1
黑卡價
$95/杯
定價$135
衣索比亞 古吉
艾德處理廠・酒香日曬 G1
Ethiopia Guji Edera
Alcoholic Natural G1
黑卡價
$95/杯
定價$135
LOUISA COFFEE
路易莎推薦加入黑卡會員。

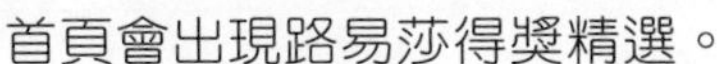

首頁會出現路易莎得獎精選。

聖誕禮物 暖心推薦

聖誕禮物在路易莎購買也不是問題。

圖片來源：https://www.louisacoffee.co

網路行銷企劃人才需要的三大功夫：

1. 關注趨勢轉為網路行銷話題。

2. 圖片補抓非靠圖庫，而是要在生活中找靈感。

3. 配合節日，更新版面，創造有梗的圖文。

科技新貴就是你

請分享任何有接觸過的科技商品或活動，如：遊戲、3C 用品、電玩等，並進一步分析為何吸引人。

科技商品：

照片

特色分析：

學習評量 REVIEW ACTIVITIES

(　) 1. 什麼是創新的意義？ (A) 創新是將知識轉換為實用商品之「過程」 (B) 創新與國家競爭力無關 (C) 創新僅創造知識及擴散知識，無法透過創新賺錢 (D) 創新是一個人的單打奮鬥。

(　) 2. 下列敘述何者正確？ (A) 彼得．杜拉克認為創新是為了創造一個新的績效領域 (B) 網路行銷相對於傳統市場，屬於高成本投資 (C) 因全球化、網路化創造品牌的知名度成效難以期待 (D) 只要架設網站，不用定期更新內容，客人就會上門。

(　) 3. 下列何項購物平台已有提供 AR 購物體驗？ (A)momo 購物網 (B) 蝦皮購物 (C)Trillenium (D)PChome 線上購物。

(　) 4. 下列關於 AR 的敘述何者正確？ (A) 英文全名叫 AMENTED REALITY (B) 透過攝影機影像位置在螢幕上，讓真實的畫面加入到虛擬的環境 (C) 中文叫作虛擬實境 (D) 能夠透過 AR 及時產生互動。

(　) 5. 下列敘述何者為非？ (A) 網路傳輸是多媒體的收集，超媒體的技術線上遊戲 (B) 用數位的方式來進行資訊保存與收集到分享 (C) 將影音檔案不經過壓縮處理之後再利用網路上技術將資訊和資訊流傳到網路的伺服器 (D) 串流媒體是近年來十分熱門的多媒體傳播方式。

(　) 6. 下列何者不是客製化網路的現況？ (A) 客製化是根據顧客不同的需求提供服務跟產品網路行銷 (B) 店家可以根據顧客之前的紀錄分析跟歸納這個使用者瀏覽的行為 (C) 每個顧客都願意提供自己的購物資訊供店家分析 (D) 落實行銷資訊精準傳給產品顧客族群在低成本的環境當中改善了行銷費用也大幅提高了網站服務能力。

(　) 7. 下列敘述何者正確？ (A) 熊彼得認為創新是企業有效利用資源以創新生產方式滿足了市場的需求 (B) 經濟成長的原動力是竊取他人技術可以使企業資源再增添新價值的活動 (C) 創新代表創新活動本質就是故步自封的維持我們的產品製程與客戶服務 (D) 企業了解創新就可以，一般人不需要了解。

(　) 8. 下列敘述何者正確？ (A) 彼得杜拉克認為創新是將知識轉型使用的產品的過程 (B)Clark & GUY 說過創新的異像，新產品新的概念透過新產品新製程及新的服務方式的創新創造新的價值一種過程 (C) 網路行銷沒有創新的行銷理念也能完成目標 (D) 創新的行銷理念能長期的給企業帶來福利。

(　) 9. 下列敘述何者正確？ (A) 創新是將舊的概念透過新產品、新製程以及新的服務方式實現到市場中 (B) 創新須包含強調創新的執行面與市場效益面 (C) 創新一定要花大錢才能做 (D) 創新只有少數聰明才能做得到。

(　) 10. 下列何者是 VR 的正確敘述？ (A) 中文名稱：擴增實境 (B) 目前還未應於電影產業中 (C) 許多的智慧型手機大廠包括 Samsung、Sony、HTC 目前都積極在推出虛擬實境的裝置 (D) 目前虛擬實境應用已達到飽和，乏人問津。

memo

05 CHAPTER

架設網站入門

5-1 網站企劃

在網路行銷世界中，許多商家或個人必須透過網路的便利性，來提供交易的模式進行商流與物流，除了有實體通路外，目前公司大多會設計公司官網來推動網路行銷，增加顧客交易時的另一個通路，對企業而言，公司官網的好壞就是成功的關鍵，如網頁的設計經營需要哪些內容？網頁風格？官網的交易機制？因這種種都會決定瀏覽人數！一般顧客對網站功能需求，也會影響我們網路行銷的操作手法，因此，網路行銷須重視網站企劃。

首先，我們需多了解不同產業與競業的網站，才能決定網站的企劃文案與編排方式，傳達資訊的型態，將會影響訪客去留的關鍵因素，企業如何符合顧客期待的系統機制，將成為網路行銷重點，更是每一位網路行銷人員要面對的課題，雖然現在網路商店型態很多，但在企劃網站時有些基本的關鍵與專業是需要具備的要件。

不管網站是否有合適的企劃人才或是透過委外的軟體、網站風格是如何的選擇，持續的維護，加上主題性、季節性、節目行銷安排，都將有助於網站來客人數！確認實際行銷達到有利的效益。

網站人才投入與技術不斷推陳出新，促使我們的電子商務更加多元性，在競爭的網路世界，網站想要獲取不同的客源，增加不同的市場，都是不同的階段性任務，網站的成效評估可以先從幾個面向來討論。

網站首先看得是「流量」，流量多就是贏家，不管是型態如何改變，流量多相對購買的人數也會提高，因此，網站最基本的就是人氣指標，也就是人氣指標，通常可以參考網站的流量 (Website Traffic)、點擊率 (CTR)、訪客數 (victors) 來判斷。

點擊率也稱為點閱率，是指顧客搜尋到網站或商品時，點擊進入的次數比率。實際交易金額看不出網站的實質指標，因此要如何增加網站的流量，可依靠網路商店的數據分析，查出實際上網站的曝光、點擊率，例如：商品擁有 100 次的搜尋曝光，30 次點擊瀏覽，點擊率即是 30%。（點擊次數 ÷ 曝光次數 = 點擊率 (%)）因此在規劃網站時，應該要注意的層面很廣泛。

網站可以讓商店短時間爆紅帶來營收，但也意味著必須面對競爭者，因此，價格的競爭也會帶來毛利率下滑，網路的經營者在處理網路行銷時需均衡考量包含：

1. 平均流量帶來的成本。
2. 平均獲取的成本。
3. 平均訂單獲取的成本。

架設網站實務操作

SHOPLINE 是提供一站式網路開店服務，提供網站架設、社群商務、POS 系統等工具，及豐富課程資源，對於網路開店新手非常有幫助。

網址：https://shopline.tw/features/online-store

進入首頁

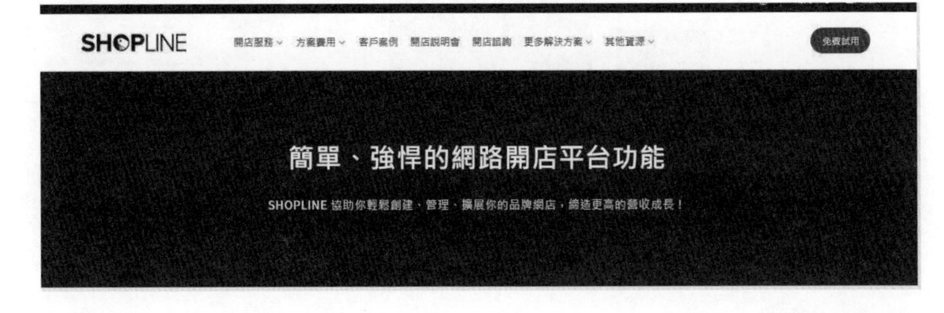

STEP 2 商店建立

準備要銷售的商品，並規劃好拍攝、美化的工作，一一就緒準備上架。網站必須持續優化系統效能及安全防護，為了公司的成長而做的萬全準備。

STEP 3 商品庫存

運用網站系統，有效率地控管商品庫存，有助於銷售流程順暢，因此，良好的管理流程與系統，協助你輕鬆運作商品庫存所有環節。

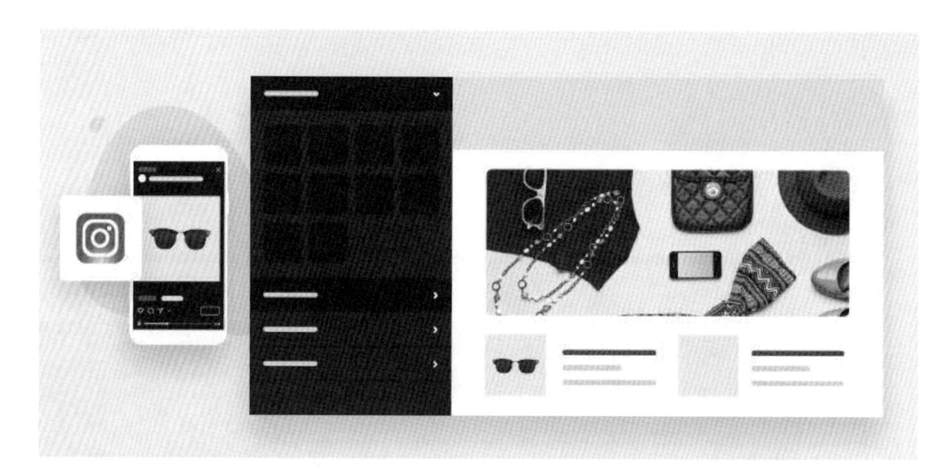

金物流串接

一次搞定所有金、物流的串接，協助你提供貼近消費需求的付款、送貨選項。

商店設計

視覺化的直覺設計介面、多樣化的購物網站版型，助你快速打造品牌風格網店。

STEP 6 訂單管理

完善、彈性的整單系統，讓你從容面對各種出貨需求，更有效率的管理訂單。

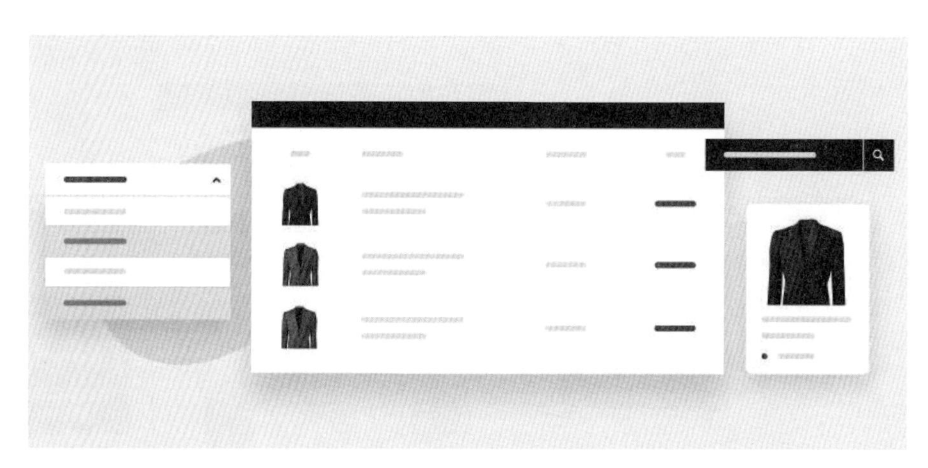

STEP 7 優惠模組

自訂各種促銷、推廣活動，以最大限度地自由設計、搭配各項優惠活動功能，刺激顧客下單！

行銷推廣

支援各大主流線上廣告及社群平台所需的追蹤工具，只需將代碼貼至後台就能輕鬆串接。

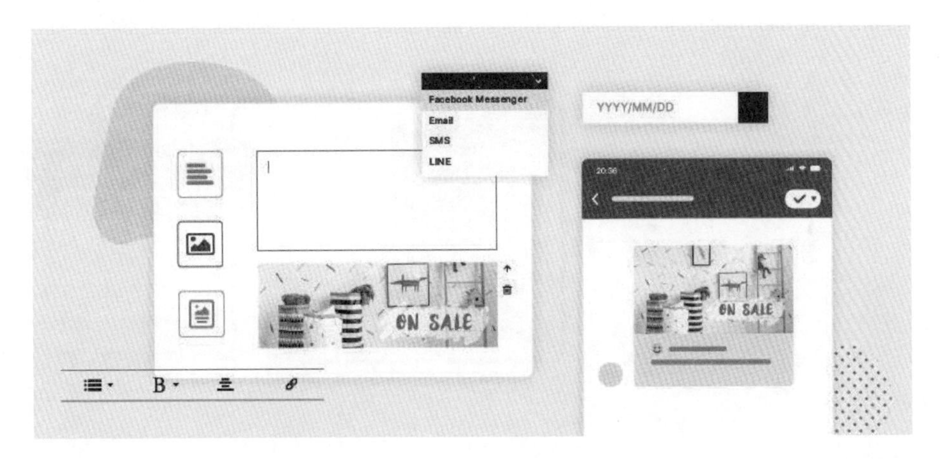

數據分析

即時商店數據分析，讓你一手掌握銷售狀況、緊握營收成長的機會，讓營運策略更有方向！

STEP 10 全通路整合

協助品牌整併線上官網＋線下門市，達到跨通路的虛實整合，打造全通路零售。

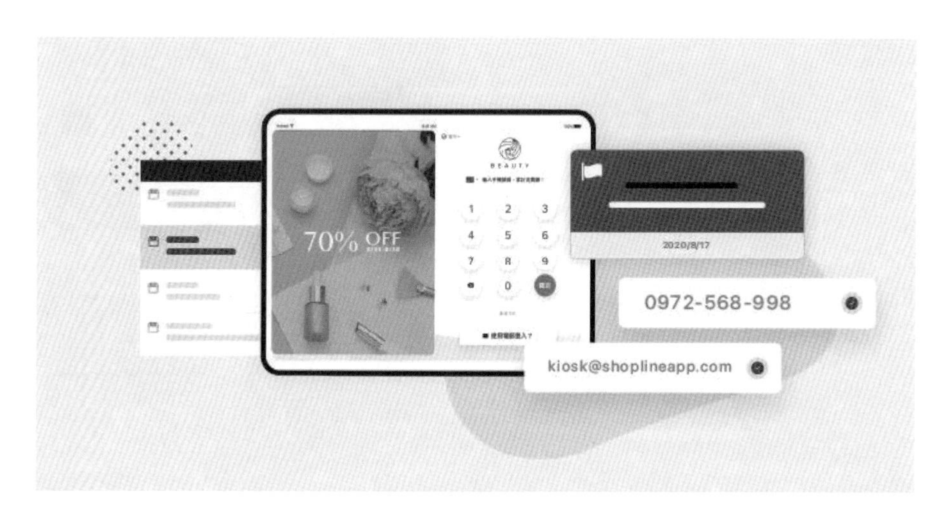

5-2 網站設計

談到網站的設計，我們要評估幾個項目：

一、具備哪些條件？

一個網站的品質有三個項目來判斷優劣：

1. 科技層面

評估公司電腦是否具備做網站的條件，可自行設計網站；可使用架設網站的平台，如：市面上免費版網頁製作網站；或可付費找網頁設計公司架設網站，可高度客製化，具有專業知識及技能。以上都是可依公司狀況加以評估。

2. 網站內容

在規劃網站內容時，除了將商品做好分類及獨特設計，網站是否具有互動性、網站的資訊容不容易存取等等。全都是在設計網站內容時，需全盤評估與企劃。

3. 網站成效

購物功能是否好操作、資訊安全性、是不是容易導覽、搜尋功能等等，都是讓顧客願不願意停留的關鍵。

二、是否好操作？

網站內容是不是讓顧客一目了然，消費者是否能很快搜尋到公司提供的產品或服務，網站是否具備完整性、即時更新。如：搜尋找不到想買的商品、決定購買時發現沒有庫存，訂購程序非常繁複等，這諸多原因都會導致消費者不想購買，甚至再也不會回頭購買。

三、是否美觀、有風格？

網頁的呈現方式吸不吸睛，也是關鍵原因，網頁可以很創新、新穎，可以跳脫制式化的框架，當然我們在看網站時，色彩的適當編排及多媒體的安排，都須具有美學的元素，近期也有許多網站追求互動性。網頁設計的重要性分別是，公司品牌形象是否清楚明瞭，讓顧客從網站進去，就知道品牌的精神；商品資訊的呈現方式，商品文案的編寫要如何引起消費者關注、拍攝商品形象照時，需將網頁設計一併納入考量，最後要定期更新網頁設計，如：商品週期、季節性等，千萬不能萬年用一款式，必須常常讓網站耳目一新！

哪些是網站美學會著重的重點特色？這些都與網站的配置有關係，另外，網站是不是讓人看了心曠神怡？都是非常重要的關鍵。

從網站企劃到設計，皆是公司需要重視的項目，公司初期為了節省預算可以透過公司內部的行銷人才討論、溝通，自己做網站設計，優勢在於對自己公司的認識與了解，效果可能勝過於網站設計公司，雖然網站公司專業度高，但也必須衡量公司功能，建議可以使用現有的套裝軟體進行規劃設計，等公司規模較大也能尋找能力優質的網站公司做為後盾。

網站設計實務操作

這裡使用 EasyStore 的網站來舉例說明，依照自己的商品特色，可以選擇多樣的版型，一起來建立自己的優美網站吧！網址：https://reurl.cc/emQ6AR

新增商品

將自家商品做好規劃、分類，在上架時，能更有效率、更快速，並且在分類標題上做有效區分，讓顧客在瀏覽商品時，一目了然。

管理客戶名單

分析客戶喜好，做精準行銷。

盤點商品庫存

有系統的管理庫存，可避免顧客與商家之間下單資訊的落差，以及避免過份囤貨，增加成本。

STEP 4 運用版型，快速打造自我風格的網站

由於手機、平板為常用瀏覽工具，網站版型也要配合其尺寸進行設計，依據自己的品牌風格及形象，選用適合自己的版型。

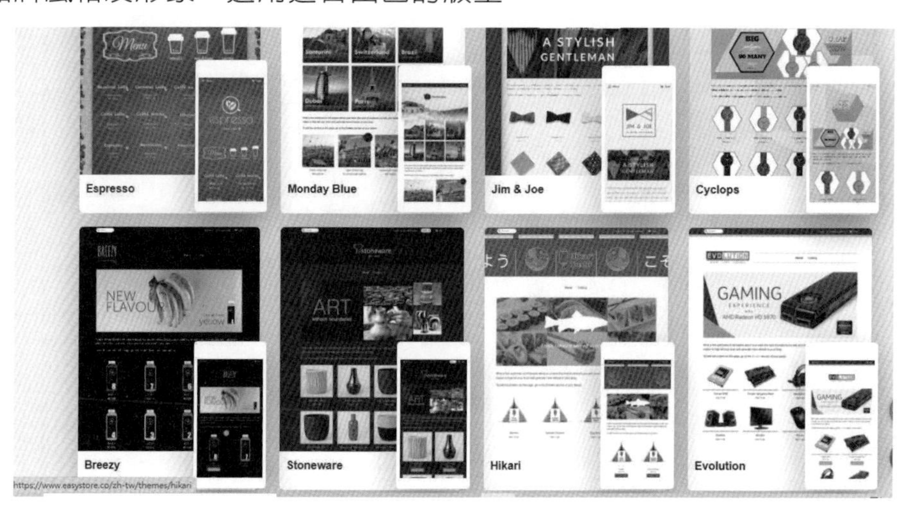

STEP 5 各項細節設計

STEP 6 報表分析，評估自己行銷成本

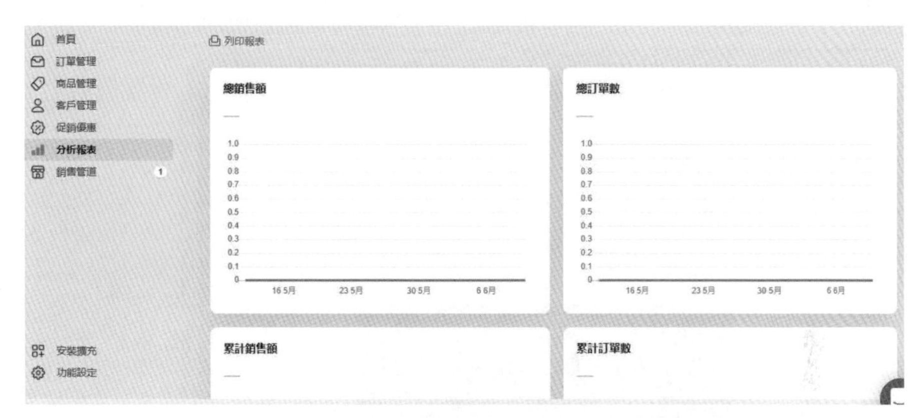

STEP 7 優惠組合，刺激買氣

STEP 8 商品上架

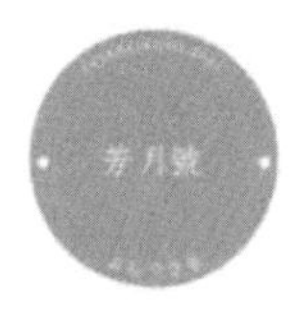

首頁　所有商品 ▾　最新消息　本店地址

首頁 › 首頁推薦 › 富士十八

富士十八

NT$ 99

數量

1

加入購物車

台灣頂極茶種台茶十八號 移植富士山腳下
灌溉終年不化雪水 給您負48度C的清涼

分享　Tweet　Pin it　LINE

STEP 9 設計好網站，讓顧客得到舒適的閱覽體驗

5-3 網站 V.S. 電商平台

電商的全名是電子商務 (Electronic commerce, E-commerce)，包括：網路廣告、第三方支付、電子資料交換 (EDI)、大數據分析、線上換匯、供應鏈管理等。「電商行銷」意思近於網路行銷&銷售，做電商行銷需要有平台 (Platform)，主要分為兩種：交易平台、創新平台。和電商有關的交易平台 (Transaction platform) 是提供媒合、去中間化的產品或服務，例如：Uber、Airbnb、蝦皮購物、露天拍賣、pinkoi、蘋果 App Store、LinkedIn、Tinder、Netflix…等。

一、跨境電商是什麼？

跨境電商結合了電商平台或網路商店、跨境支付、跨境物流，目的是進行國際貿易，利用電商平台即可購買到國外的商品。跨境電商平台有 Amazon、eBay、Shopee、AliExpress 和公司／品牌的自營網站。跨境支付（金流）平台有 PayPal、Stripe、Braintree、LINE Pay、街口支付、微信支付、支付寶。

二、電商經營模式比較

電商透過網路進行交易，發展出各式各樣的經營模式，現今網路無所不在，在經營電商平台就需絞盡腦汁，在商場上拔得頭籌，接下來介紹以銷售對象區分的幾種熱門經營模式：

B2B 為 Business-to-Business（企業對企業）的縮寫。B2C 則是 Business-to-Consumer（企業對消費者）的縮寫。C2C 而為 Customer-to-Customer（顧客對顧客）的縮寫。三種模式差別請看圖表。

表 5-1　B2B、B2C、C2C 平台差異

	B2B	B2C	C2C
意譯	Business-to-Business （企業對企業）	Business-to-Consumer （企業對消費者）	Customer-to-Customer （顧客對顧客）
優點	・官網流量和企業行銷能力成正比 ・自行設計網站	・官網流量和企業行銷能力成正比 ・自行設計網站 ・容易收集到消費者的建議	・1~5 星評價參考性高 ・一些創業者會先用 C2C 平台測試市場，成功後再轉 B2C
缺點	・網路評價不一定是正確	・網路評價不一定是正確	・流量會影響平台的競爭力 ・手續費收費高低不一
平台範例	・公司的官網	・PChome 線上購物 ・momo 購物網 ・博客來 ・Yahoo 奇摩購物中心 ・ETMall 東森購物 ・公司的官網	・蝦皮購物 ・露天拍賣 ・Yahoo 奇摩拍賣 ・pinkoi

身為行銷的您，苦於疫情干擾，原本行銷計畫終於要開跑，三級疫情來的又快又猛，只好宅在家看行銷，教您及時的行銷手法：

1. 維持品牌聲量，持續用文案提醒顧客「我們還在」。
2. 用更多數位手法在生活中曝光公司資訊。
3. 善用 IG 增加品牌形象。

我是網路行銷企劃

請你上網查詢 APPLE 最新官網資訊並加以分析，再為它寫下新的文案內容（100 字）：

照片

行銷分析：

看過其他品牌的行銷分析後，我們也來寫出自己的網路企劃書！

網路企劃書主軸：撰寫與業主短中長期的目標，還有討論人力配置與經費調度。

網站企劃規劃細節：

1. 網站版型（風格、照片）
2. 網站標題與項目（基本參考）
   (1) 公司簡介
   (2) 品牌故事
   (3) 產品現況
   (4) 主題企劃
   (5) 客戶諮詢
   (6) 會員中心
   (7) 互動專區
   (8) FB、IG

企劃內容：

學習評量  REVIEW ACTIVITIES

(　　) 1. 關於網站風格現況何者正確？ (A) 個人的網站風格最有創意 (B) 政府機構的網站風格一定老土 (C) 成功網站風格要能吸引顧客目光 (D) 不需結合自家公司形象，就能打造出適合自己的網站。

(　　) 2. 下列 Aida 模式敘述何者正確？ (A) 注意網站內容設計跟廣告活動能不能引起生產者的注意 (B) 產品資訊能不能引起競爭對手的興趣 (C) 讓顧客減少購買的慾望 (D) 消費者立即可以採行動的做法卻沒意識到價格。

(　　) 3. 下列哪一個不是網站規劃要考量的？ (A) 網站的主題 (B) 實體店鋪 (C) 我們目標族群 (D) 我們的目標市場。

(　　) 4. 下列關於多國語言版本官網的敘述，何者正確？ (A) 網站翻譯上面也許會失真，所以不需要 (B) 網站翻譯一定能傳遞原來的意義產品資訊 (C) 很多中文網站會優先設定英文版官網 (D) 定期不更新網頁翻譯或是一個負擔。

(　　) 5. 通訊科技的進步帶來下列哪一種進步，有助於商業溝通？ (A) 通訊時間減短 (B) 通訊速度增加 (C) 通訊網路擴展 (D) 通訊成本降低。

(　　) 6. 網際網路科技的發達，在商業行為上，導致何種商業的蓬勃發展？ (A) 國際商務 (B) 綠色 商務 (C) 電子商務 (D) 行動商務。

(　　) 7. 網際網路環境中，若消費者會因購買或擁有某商品的人數增加，而減少擁有或購買該商品的意願，此種情形稱為？ (A) 直接網路外部性 (B) 間接網路外部性 (C) 正向網路外部性 (D) 負向網路外部性。

(　　) 8. 近來各家公司在電商經營投入許多資源，以下哪項不是經營電商所必備的項目？ (A) 資金 (B) 網站企劃 (C) 代言人 (D) 產品服務。

(　　) 9. 將傳統拍賣方式轉換到網際網路上來進行，此模式稱為？ (A) 線上學習 (B) 線上團購 (C) 線上購物 (D) 線上拍賣。

(　　) 10. 下列何者不屬於網路信用卡交易的參與者？ (A) 持卡者 (B) 商家 (C) 發卡銀行 (D) 政府。

06

CHAPTER

電商平台交易認識

6-1 電商交易基礎建設

電子商務的基礎建設，分為以下幾個方面探討：

1. 一般商業服務的架構

主要有功能鑰匙，支援線上的買賣交易跟認證的過程。這個部分會運用在交易時的相關服務，主要以金額跟資訊流為主，例如：解決線上付款工具的不足，會用電子錢包、信用卡、電子支票，還有電子現金，以能夠保障安全線上付款工具之相關技術服務，這都是一般商業服務架構的範圍。

2. 訊息跟資訊分配的架構

這個架構是為了確保訊息一定電子化的傳遞與資訊收發的確認性，主要提供格式化與非格式化轉換和傳輸的中介媒體，包括：edi 電子資料交換、電子郵件，以及許多 wwe 排版的超文件標示語言等。

3. 多媒體內容和網路出版基礎架構

我們在進行電子商務時需要建構更多的互動因子、多媒體內容和網路出版架構，並可利用超連結的語言文字，在 Web 的伺服器上面使用超文字的標示語言描述，提供使用者瀏覽統一的資訊，出版環境瀏覽器也能夠順應這一個架構建制。

目前我們談的是網路基礎架構，目的是主要提供電子化資料的數據傳輸，像高速公路一樣，此架構包含區域網路、電話、語音電話、線路、有線電視網、無線電視、網際網路及衛星通訊系統…等等，這都是推動電子商務必要的基礎建設。舉個例子，如中華電信公司 ISP 防火牆式連接器與路由器都是屬於我們網路基礎架構的一個項目。

接著來看，電子商務背後的數據也不斷的提供龐大的產物資訊與商機，電子商務仍然面臨商業環境與消費者的挑戰，電子商務的交易應該是有消費者、網路商店、金融機構、物流業者等四個基本角色設定，電商交易需落實配送方式、金流跟物流資訊。

也有季節限定款巧克力禮盒。

若需訂製婚禮訂製也沒問題。

圖片來源：https://www.godiva.com.tw/

6-2 電子商務交易操作

電子商務孕育了非常大的商機，電子商務需要面對環境的競爭，同時也要接受消費者的挑戰，電子商務的交易流程，一般是由四個角色組合而成的，一個是消費資訊，第二個是網路商店，第三是金融機構，以及第四是物流業者，這些角色分別完成資訊行銷、商品訊息、現金流程，以及物品配送等四種行為。

一、資訊流

我們要介紹電子商務的最後一個「資訊流」。在網路世界當中，資訊流是一切的核心，店家跟消費者都是透過資訊的分享，目前線上上架、銷量系統、出貨系統等，都是由系統連結來確定訂單方向，資訊流做得好，事業就能正常的運行，消費者可以清楚找到自己的產品，了解各樣的商品跟促銷活動。

二、商流

所謂的電商交易，是將電商模式轉到網路來執行與管理，是所有權的移轉過程，內容包括了產品生產者傳送到批發商，再由中盤商傳達到零售業，最後由零售商傳送到消費者的手中。這中間打破了行銷的銷售行為，商業資訊的收集、所有服務行銷策略的擬定、賣場地管理、銷售管理、產品促銷活動，以及消費行為分析等等。

三、金流

包括：資金的流通、應收應付、會計稅務、信用、付款地址、進帳的通知，以及進帳的明細等，透過金融機構之安全認證，完成付款金融體系，金融系統跟安全性必須要健全，對於消費者才有線上交易的保障，現階段金流可以分為：線上付款跟非線上付款，常見的方式包括：貨到付款、ATM 轉帳、電子錢包、手機的小額付款、超商代碼繳費，以及線上刷卡等。

四、物流

產品從生產者到消費者手中的過程，經由經銷商透過網路販售商品，將產品運送到達消費者手上。主要的重點是，消費者在網際網路下單後，廠商如何將產品用運輸工具傳達到消費者手上，整個過程包含了倉儲、包裝、拆卸、裝卸、運輸、電子商務、供應、經銷等集結在一起，每一個都缺一不可，目前常見的物流有包裹郵寄、貨到付款、超商取貨、宅配等。

買起來！電商交易

一、各平台下訂單

以下介紹目前使用量最多的購物平台，下訂了想買的物品後，進入結帳，不同平台，皆有各自的流程功能。

1. 蝦皮購物

蝦皮店家皆提供即時聊聊的功能，顧客能與店家即時處理的訂單問題，是一優勢。

圖片來源：https://shopee.tw/

2. 博客來

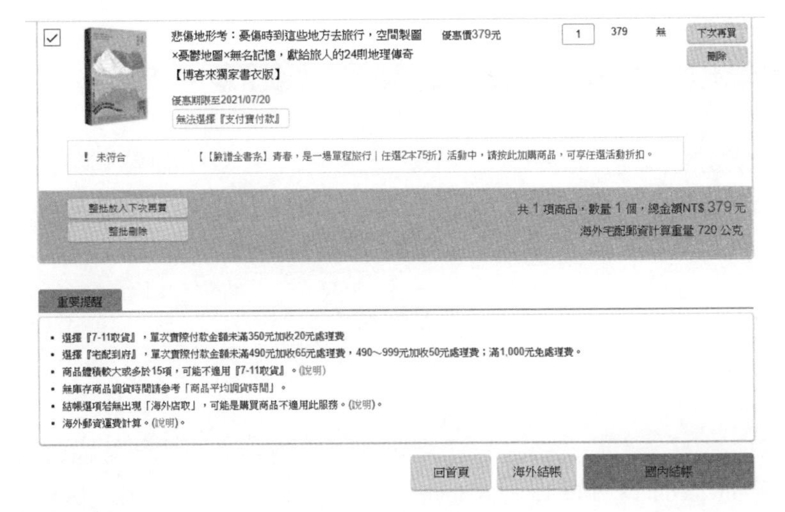

圖片來源：https://www.books.com.tw/

3. momo 購物網

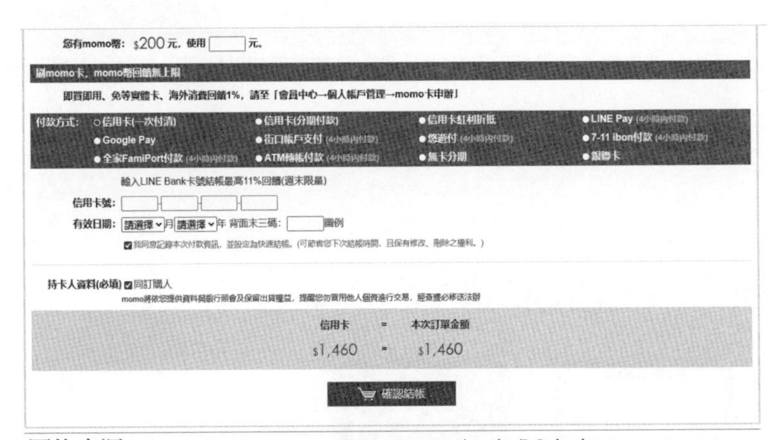

圖片來源：https://www.momoshop.com.tw/main/Main.jsp

4. CelesteTerry

圖片來源：https://celesteterry.com.tw/

5. 樂天市場

圖片來源：https://www.rakuten.com.tw/?l-id=tw_cart_logo

二、付款方式

現今行動支付的類型，越來越多元化，「帶一支手機出門，就能暢行無阻！」，以下介紹目前常使用的電子付費方式。

1. Apple Pay

圖片來源：https://www.apple.com/tw/apple-pay/

2. LINE Pay

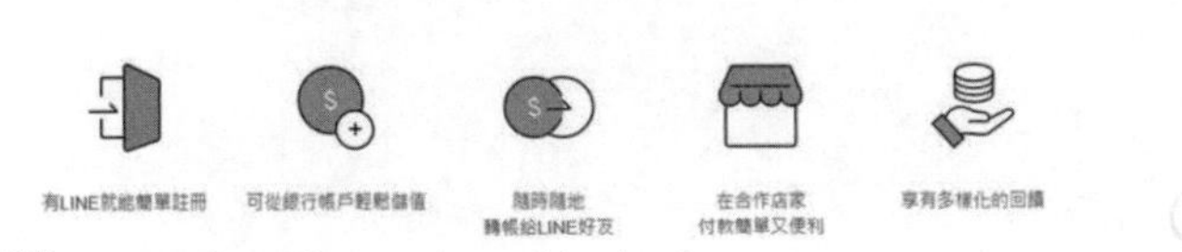

圖片來源：https://pay.line.me/portal/tw/main

3. 街口支付

圖片來源：https://www.jkos.com/client.html

4. 綠界科技 ECPAY

圖片來源：https://www.ecpay.com.tw/

5. paypal

圖片來源：https://www.paypal.com/tw/home

6. 網路刷卡驗證－中國信託

中國信託銀行 CTBC BANK　網路銀行　個人金融　小型企業　法人金融　境外私人銀行　服務據點　EN　登入 / Log in

信用卡　存款/外匯　貸款　基金/投資　保險　財富管理　線上申請

中國信託-個人金融首頁 > 網路安全 > 網路刷卡驗證

網路刷卡驗證

產品特色　網路交易安全說明　使用OTP購物流程　常見問題

首創「網路刷卡簡訊OTP服務密碼」，保障再升級！

中國信託「VISA驗證服務(Verified by Visa, VbV)」與「MasterCard驗證服務 (MasterCard® SecureCode™)」是由本行所提供，並由VISA、MasterCard與JCB國際組織所驗證的安全購物機制，這個機制是藉購物時確認持卡人身份，來提高網路交易的安全性。本行致力於提昇卡友更安全的網路用卡環境，首創「網路刷卡簡訊OTP（One Time Password，簡稱OTP）密碼」（此又可稱為動態密碼，是持卡人只能使用一次之密碼），由持卡人於交易時再輸入「網路刷卡簡訊OTP密碼」以進行認證。

申請三步驟，安全e把抓

持卡人使用「網路刷卡簡訊OTP密碼」進行認證時，不必下載元件、不用安裝軟體、不需另行付費，您就可以享用最先進的網路安全購物系統。只要您持有本行VISA / MasterCard/JCB信用卡、簽帳金融卡，就能至網路刷卡驗證商店進行交易，保障您網路購物權益並提昇交易安全性，真正享有「便利購物、安心付費」的網路血拼樂趣喔！

注意事項

圖片來源：https://www.ctbcbank.com/twrbo/zh_tw/index/ctbc_security/ctbc_security_cc02.html

7. Google-Play-Points

等級	銅級	銀級	黃金級	白金級	鑽石級
每等級要求的點數	-	250	1,000	4,000	15,000
每消費 NT$30 獲得	1.0 點	1.25 點	1.5 點	1.75 點	2.0 點
NT$30元電影租借優惠		1次	1次	2次	3次
NT$150元電子書抵用金			1次	2次	3次
每週獎勵		最高50點	最高100點	最高500點	最高1000點

圖片來源：https://play.google.com/store

8. 玉山銀行

圖片來源：https://www.esunbank.com.tw/bank/personal/credit-card

9. Hami Pay

圖片來源：https://emcrm.hinet.net/events/2bf0a7b7-0291-eb11-966d-00155d13601b/origin/index.html

10. 7-ELEVEN 支付工具

圖片來源：https://www.7-11.com.tw/service/Pay.aspx

快撐不下去？疫情讓門店無法運轉，顧客進不來！

許多企業已經透過設立官方 Line，提供給顧客更便利的瀏覽資訊，包括產品活動與會員集點制度等，有幾個小建議給店家老闆：

1. 找店內銷售最好商品，先創 Line，收集顧客資訊，才能發信息與預告產品新知。
2. 匯整這些顧客的訂購項目，企劃最強組合。
3. 光有 Line 不夠，還是要有梗！企劃標語加圖片的轉傳機會更高。

我是 Shopping 王

大家或多或少都有在網路上購買商品的經驗，你最愛用什麼方式進行交易呢？請分享看看。

你使用過哪些交易平台？

最喜歡用的？優點？

不好使用的？缺點？

學習評量 REVIEW ACTIVITIES

(　) 1. 關於電子商務，何者正確？ (A) 支援線下的買賣交易跟認證的過程 (B) 主要金額跟資訊流為主 (C) 解決線下金融機構不足 (D) 可以透過電子商務面對面把錢交給商家。

(　) 2. 電子商務的基礎建設中，關於訊息跟資訊分配，下列敘述何者正確？ (A) 訊息一定要紙本化的傳遞 (B) 不提供格式化與非格式化轉換和傳輸的中介媒體 (C) 資訊收發的確認性 (D) 可以透過腦波傳達。

(　) 3. 下列哪一個不是網路傳達的模式？ (A)edi (B)fdi (C)email (D) wwe。

(　) 4. 下列何者不是推動推動電子商務必要的基礎建設？ (A) 區域網路 (B) 衛星通訊系統 (C) 郵政系統 (D) 語音電話。

(　) 5. 下列何者不是網路基礎架構的必備項目？ (A)ISP 防火牆式連接器 (B) 出版社 (C) 地下電纜 (D) 路由器。

(　) 6. 下列哪些互動不會產生網路數據？ (A) 網路金融機構 (B) 網路賣家 (C) 實體門市 (D) 網路買家。

(　) 7. 下列何者沒有參與電子商務交易流程？ (A) 消費 (B) 實體商店 (C) 金融機構 (D) 物流業者。

(　) 8. 下列對電子商務的交易流程敘述何者為正確？ (A) 轉到網路來執行 (B) 轉到實體來做管理 (C) 實體交易流程產品生產者傳送到中間商，再由批發商傳達到零售業 (D) 場地管理銷售不能算商流。

(　) 9. 下列敘述何者正確？ (A) 付款地址進帳的通知不是金融機構的責任 (B) 電子交易模式跟物流不包括資金的流通 (C) 不健全的電子系統不會影響電子商務的進行 (D) 物流是產品從生產者到消費者手中的透過網路的經銷商，送到消費者手中。

(　) 10. 下列何者不是電子商務常用的付款手段？ (A) 電子錢包 (B) 貨到付款 (C) 捲款潛逃 (D) 超商代碼繳交費用。

07 CHAPTER

電商時代來臨

7-1 認識資訊倫理

在目前網路的環境下，由於資訊具有公開分享性，使得其中產生許多法律與倫理的問題。網路行銷首當其衝就是要了解如何善用資訊，同時具備資訊素養，才能在網路這個廣大的環境中，經營各項行銷活動。本章我們將介紹網路行銷的關鍵「資訊倫理」。

資訊倫理在國外盛行多年，目前臺灣正在改善欠缺網路道德的行為進行規範，並提供給網路行銷業主一些正確的建議，以下是欠缺網路道德的行為。

1. 故意侵害別人的隱私。
2. 在沒有經過任何授權的情況下故意竊用網路資源。
3. 干擾正常的網際網路使用。
4. 故意侵占網路上的各項資源，包括運算寬頻、人力資源等。
5. 破壞電腦資訊的完整性。

在今天快速時代的環境中，我們需要讓資訊倫理變為一個重要的素養。如果你接觸電腦頻率甚高，除了要提醒自己多加留意之外，亦可以在週邊環境去落實資訊倫理，同時提供週邊的親朋好友及同仁有關的資訊倫理，就能進一步保護資訊與避免觸法。

限時貼文－

Amazon

亞馬遜針對非英語國家，推出當地語言的網站介面。為了做跨國生意，擁有八種語言可供切換，降低了消費者的購買成本。因此就算『菜』英文，也可以輕鬆上亞馬遜購物喔！

圖片來源：https://www.amazon.com/

7-2 電子商務網站的倫理問題

何謂資訊倫理？說明使用者在運用網際網路應具備的知識與行為準則。在 1986 年，Richardson 提出了資訊隱私權，其內涵包含介紹資訊的正確性、資訊的所有權，與正確存取權等主題。

資訊倫理中有一個較為重要的理論，稱為 PAPA 理論。當我們在討論資訊倫理時，可應用 PAPA 理論來訂定標準，Mason 提出的 PAPA 理論，包含隱私權 (Privacy)、正確性 (Accuracy)、財產權 (Property) 及使用權 (Accessibility)。

一、隱私權 (Privacy)

因為在資訊極速的環境下，不管是網路或者是電腦所留下的資訊都是一種數位化的資料，因此雖然取得發布的資訊相對容易，但間接形成了隱私權容易被侵占的潛在危機，資訊隱私權在法律上的見解，是在強調個人自主性及身分認同的權利，目的是探討個人資訊的保密及公開。

商家在沒有經過當事人的同意就將寄來的 E-mail 轉寄給其他的人，就可能會侵犯到別人資訊隱私權；如果沒經過網頁主人的同意，就將該網頁中的文章和照片轉寄出去，也是侵犯到隱私權。

二、正確性 (Accuracy)

所謂資訊正確性表示我們需要提供資訊的真實性及可靠性，並進一步規範提供資訊者，避免假冒、仿照延伸出的危法行為。

三、財產權 (Property)

財產權指智慧財產權，包含文字、圖片與音樂使用的問題。我們需要了解智慧財產權範疇，才能避免無權使用與逾期問題。一旦涉及抄襲或無權使用就會有法律糾紛。最好方式是付費使用，如支付權利金。不能因貪小便宜而使用免費盜版資源。

四、使用權 (Accessibility)

用於網路行銷常會使用大量的圖片與音樂，每個圖庫網站都有其使用規範，因此在使用前需要了解與遵守，例如：可否商業使用或付費方式等。在使用這些資源時，更應注意網站提供條款，以避免觸法。

7-3 電商行銷法律規範

網路行銷與智慧財產權的相關規範，兩者是密不可分的關係，在網路行銷快速趨勢中，智慧財產權所涉及的範圍相對也越來越廣，在我們透過網路來做所有行銷活動時，就更需要了解此項主題，如何在網路上合法的運用與保護別人的著作權，已成為每個人應該具備的基本常識，當我們開始從網站的設置、網頁的製作、申請網域到建置雲端的資料庫，以及資訊進行加密的措施、營業相關的商業資訊，這些都可能涉及到智慧財產權的相關法令，智慧財產權原則上分為著作權、專利權、商標權，下列分別介紹其基本觀念：

一、什麼是著作權？

舉凡專利文學、藝術、表演、錄音、標誌、圖像、廣播、商業設計等等，都是在智慧財產權的範圍。

法律規範給著作人、發明人、文創人一種排他性的權利著作權，當著作完成時，就已經產生了權利，也就是說，著作人享有著作權，不需要經過任何的程序，也不需要做任何的登記。

倘若改寫音樂中的詞或曲，都是屬於著作權中的重製權。也就是說使用別人的音樂重新錄製。所以為了避免侵權，要先向原作者取得同意，才可以做改編。不管有沒有實際收費，還是須要判斷是否符合合理使用範圍。

二、什麼是專利權？

專利權法的規定是讓發明人享有獨占權，或者是排他權，全部具有創造性、地域性、時間性跟專一性，專利權是必須向經濟部智慧財產局，提出申請並且通過審查合法化。

三、什麼是商標權？

商標就是企業做為與其他企業識別區隔的標誌，我們稱為品牌。由註冊人取得商標專用權，別人是不可以侵犯此商標。

我們基於保護智慧財產權，必須向經濟部智慧財產局，提出申請並且通過審查合法化。

我們必須要有一些基本的概念在網路上面我們必須留意各類引用使用應具備的法律常識。

小編聊天室

YouTuber 侵權

有一個 YouTuber 因為喜歡看電影，他就透過 YouTube 分享自己看電影的感想，號稱只要 N 分鐘就能快速看完一部電影，因此在網路擁有超高人氣。但由於不當使用電影畫面，因此被好幾家片商告他侵犯著作權，最後本人不只吃上官司，也得在自己的頻道公開道歉。

數位行銷前哨戰

網路電影院

以《人肉搜索》電影，來一起探討網路世界存在的問題，如：隱私、媒體行為、社群影響等問題。都值得我們一一探討。你也可以分享看過的精采影片。

片名：人肉搜索
片長：1 時 43 分
年份：2018 年
國家：美國

觀後心得：

在網路上，需注意哪些問題：

學習評量  REVIEW ACTIVITIES

(　) 1. 網路商家為保護客戶資訊隱私權，下列何者為常見的作法？ (A) 使用密碼控管、防火牆等安全機制 (B) 避免透露個人資料的使用原則 (C) 客戶無法選擇提供全部或部分的個人資料 (D) 客戶無權檢視與增修個人資料的管道。

(　) 2. 關於資訊倫理的敘述何者正確？ (A) 因為網路公開速度快所以需要監管 (B) 肉搜他人是符合網路倫理的 (C) 利用網路盜刷信用卡不會被抓 (D) 資訊倫理不遵守，沒人能拿商家怎樣。

(　) 3. 下列敘述何者正確？ (A) 故意侵害別人的隱私，我國無法律能管 (B) 我們能在沒有經過任何授權的情況下，盜用別人圖文 (C) 契約需載明公司運用個人資訊的細節 (D) 駭客破壞電腦資訊的完整性，是提醒你電腦防火牆有問題，法律沒法可管。

(　) 4. 下列敘述何者為非？ (A) 隱私權不是很重要的威脅 (B) 網路所留下的資訊都是一種數位化的資料 (C) 在網路上容易取得發布的資訊，直接造成侵占隱私權的問題 (D) 資訊隱私權在法律上的目的是保障個人資訊的保密以及公開資訊。

(　) 5. 下列何者是侵犯隱私權的行為？ (A) 使用經過授權的商用素材製作網頁 (B) 網路會員規範清楚載明契約內容 (C) 沒有經過當事人的同意就將他寄來的 E-mail 轉寄給其他的人 (D) 不擅自修改他人圖片後放在網路上。

(　) 6. 下列何者不屬於我國的智慧財產權範圍？ (A) 肖像權 (B) 設計權 (C) 專利 (D) 商標權。

(　) 7. 下列何者不屬於智慧財產權的範圍？ (A) 商業設計 (B) 標誌 (C) 錄音 (D) 古董。

(　) 8. 關於智慧財產權，下列敘述何者正確？ (A) 政府提供著作人、發明人、文創人一種無排他性的權利著作權 (B) 著作權需要經過任何的

程序 (C) 著作權需要做任何的登記 (D) 專利權法的規定是讓發明人享有獨占權。

(　) 9. 著作人格權包含哪些權利？ (A) 公開發表權 (B) 姓名表示權 (C) 禁止不當修改權 (D) 以上皆是。

(　) 10.「Amazon」屬於下列哪一種電子商務模式？ (A)B2C (B)B2B (C)C2B (D)C2C。

08
CHAPTER

認識網路媒體與廣告

8-1 什麼是網路廣告？

網路廣告經常在許多的網頁與電子郵件中頻繁的出現。網路廣告的型態跟傳統的媒體型態差異不大，公司將網頁空間或是版面出售給有需要的廠商，在此指的廠商泛指廣告主，因網路使用者及公司需要透過網路來刊登廣告，因此網路廣告的市場持續成長中。

臺灣地區人口使用寬頻上網的用戶已經超過了一千三百多萬，在全球排名位居第十四位，澳洲、紐西蘭七百多萬、新加坡一百三十幾萬，上網用戶人數來看，我們高出甚多，因此，許多知名的網站公司，紛紛想要進駐到華人的網路廣告市場。

面對網路廣告市場，我們需先認識幾個網路廣告的類型，因為不同的傳播媒體皆具有不同的特性，例如平面廣告通常是靜態，但是近年來，網路廣告朝聲音、影像、文字、動畫等多媒體的型態來呈現，與傳統的媒體截然不同。

網路廣告的類型，一般有分為廣告電子郵件、廣告按鈕、廣告多媒體、動畫廣告、推播廣告、分類廣告、上述這些都是網路行銷媒體與廣告人應該先認識的網路廣基礎型態。

8-2 多樣的網路廣告類型

我們要如何透過廣告傳遞資訊與刺激銷售？有些時候我們花錢買網路廣告，最後並沒有為公司帶來營業額，反倒是創造了廣告公司或相關機構的形象。所以，在決定刊登網路廣告前，需要確定公司的廣告目標為何？廣告操作型態方式？目前實務上網路廣告的方式有：Google 廣告、關鍵字廣告、多媒體廣告、購物廣告、影音廣告等，最常用的為關鍵字廣告。

除了了解上述提到的網路廣告外，我們也須關注社群網站發展，如推特、臉書，它們已經成為許多網路使用者生活中經常拜訪的網站，從平台分享商機的交流到消費者透過這些網站來轉發資訊，可見分享的力量是無懈可擊，社群的媒體對於線上購物的環境產生了許多的影響，包括改變線上購物的方式，讓傳統以產品為主要的電子商務，轉變成以社群關係經營為導向，如以社群作為媒介的電子商務型態，在這裡我們要來介紹成為社群媒體與線上購物的商業結合。

社群平台提供使用者可以共同來分享討論，並進一步完成購物決策；當一直在社群平台分享商品資訊的情況下，許多的問題將會產生，越來越多的品牌和零售商喜歡直接把社群網站，當作公司商品傳遞的媒介，在其中進行產品的銷售跟推廣，例如在 FB 上成立粉絲專頁和購物社團，透過這樣的管道讓消費者直接購物，消費者可以在購物社團裡選擇喜歡的商品，然後再把這資訊轉發給好友並邀請他們購買，因此社群網站的消費者持續成長，不過在這樣的社群環境下，將會產生哪些問題呢？

1. 人情壓力

也許邀約一起購買獲得較好的價格優惠，但因為頻繁的交流難免會有壓力，反倒會影響人際關係。

2. 詐騙風險

有些社群網站反而被有心人士操作，帳號安全成為詐騙集團的源頭，無論使用何種方式加入成為好友，這些轉寄都可能淪落有心人士的操作。

3. 網路留言

無論是買賣或是提供提問、答覆都是曝露在開放的網路環境，所有的網頁都看得到這些資訊問題，因此要特別留意網路言論，避免出現攻擊與謾罵，嚴重的情況可能會成為公然侮辱及毀謗。

根據臺灣數位媒體應用暨行銷協會 (DMA) 統計，2020 年度臺灣數位廣告量為 482.56 億，整體成長率為 5.3%，同時因為 COVID-19 疫情影響，帶動數位轉型浪潮，廣告量的威力不可忽視！

接下來我們介紹一般媒體廣告概況，在整體的媒體廣告中，展示型廣告占了 47.03 億元、影音廣告占了 96.78 億元、關鍵字廣告占了 118.39 億元、口碑內容操作則是占了 36.55 億元，最後其他廣告類型占 1.74 億元，網路廣告浪潮的衝襲在我們的生活中，其影響力不容小看。

一、展示型廣告

就定義來說，展示型廣告可以是你所見任何以圖像、文字甚至結合聲音形式呈現的廣告，包含傳單、看板、布條、海報、橫幅廣告、宣傳片等。而在數位展示型廣告中，通常是出現在各個網站的橫幅廣告、影片廣告或插頁式廣告等，廣告主會透過一些數據資料進行分析，對受眾客群媒合適合的展示型廣告，目的是為了讓潛在的消費客群對他們的產品或服務獲得印象，以建立起顧客對於商品的品牌印象與刺激購物需求。

◎ 展示型廣告的優點

1. 視覺引人注目

   展示型廣告為企業與品牌所設計的圖像內容，其中包含標題、文字、圖像、動畫、色彩、聲音等元素，讓廣告主能盡情發揮創意去吸引消費者的目光。

2. 提高消費者對品牌的印象

   展示型廣告會出現在各處網站，即使用戶不一定注意到它的存在，它也會不知不覺進入到顧客的潛意識中，漸漸地就會形成消費者的品牌意識。舉例來說，某位顧客為了獲取花藝相關的點子而在相關網站上逛逛，此時花藝用品店的展示型廣告可能就出現在這些網站中，就算這位顧客不認識這些花藝店家，也沒打算購買花藝產品，但這些展示型廣告讓他知道下次當他要購入花藝用品時，會有哪些品牌選擇。

3. **多樣性**

展示型廣告有多種尺寸、形狀、規格的選擇，廣告主能夠從中自由選擇適合自家宣傳的廣告形式。

4. **觸及範圍廣**

廣告主的展示型廣告能夠在各式各樣的網站中呈現，觸及世界各地的潛在客群。

5. **可衡量性**

有關各種廣告相關數據，如：展示次數、點擊次數、轉換率等，都能透過 Google Ads、Google Analytics 等後台查看並分析，藉以衡量廣告的成效。

◎ 展示型廣告的缺點

1. **易被視而不見**

由於展示型廣告過於豐富而雜亂，許多用戶會幾乎完全忽略它們，這也導致較低的點擊率而成效不彰。

2. **廣告攔截程式**

近幾年出現許多能阻攔網頁中廣告的軟體，在這資訊爆炸的時代，人們使用廣告攔截程式屏蔽廣告的頻率也越來越高，讓展示型廣告被看到的機會越來越少。

（一）一般橫幅廣告 (Banner)

它是展示型廣告中最典型也是最傳統的形式。一般嵌入在網頁中比較固定的位置，需要占據一定的版面空間。當沒有廣告版本投放時，會自動放置固定的素材。早期，橫幅廣告就是一張靜止的圖片，後來可能成為一段 Flash 或者其他動態圖。

（二）文字型廣告 (Text- Link)

文字連結廣告 (Text Link Ads) 是以文字做為連結，即在熱門站點的網頁上放置可以直接訪問的其他站點連結，通過熱門站點的訪問，吸引一部分流量點擊。

文字連結廣告是一種對瀏覽者干擾最少，但卻最有效果的網路廣告形式。整個網路廣告界都在尋找新的寬頻廣告形式，而有時候最小寬頻，最簡單的廣告形式效果卻是最好的。

（三）多媒體廣告 (Rich Media)

這類廣告有個特點為侵入式，不管廣告是什麼你都得看，有的甚至關不掉，要倒數計時完成以後廣告才會消失。

二、影音廣告

（一）外展影音廣告

在一般網路服務中，插入影音廣告，含展示型、Outstream 型態。

（二）串流影音廣告

圖中幫你校對英文的軟體廣告，5 秒後可略過，雖然很短但還是有被強迫的感覺。雖然很干擾，何嘗不是一種休息。近期 YouTube 聽到大家的心聲，透過訂閱會員，可以不用被廣告干擾。

透過智慧型裝置的普及率，可幫助廣告主網羅更多目標族群。不受限於 YouTube 平台，可以接觸到更多網路的使用者。使用行動裝置如手機瀏覽起來更舒適，也能夠優化手機預覽網頁體驗。

當 Google 串流外影音廣告顯示於螢幕上時，會以靜音的模式自動播放，使用者可選擇略過或關閉。這項廣告會出現在行動裝置網頁或是應用程式中，支援直式影片全螢幕播放。

Google 串流外影音廣告是以千次曝光計價，當廣告在螢幕上露出 >50% 的版面，並播放 2 秒以上才開始計費。串流外影音廣告與 YouTube TrueView 串流內廣告同時進行，可讓影片排名觸及提升 30~50%。

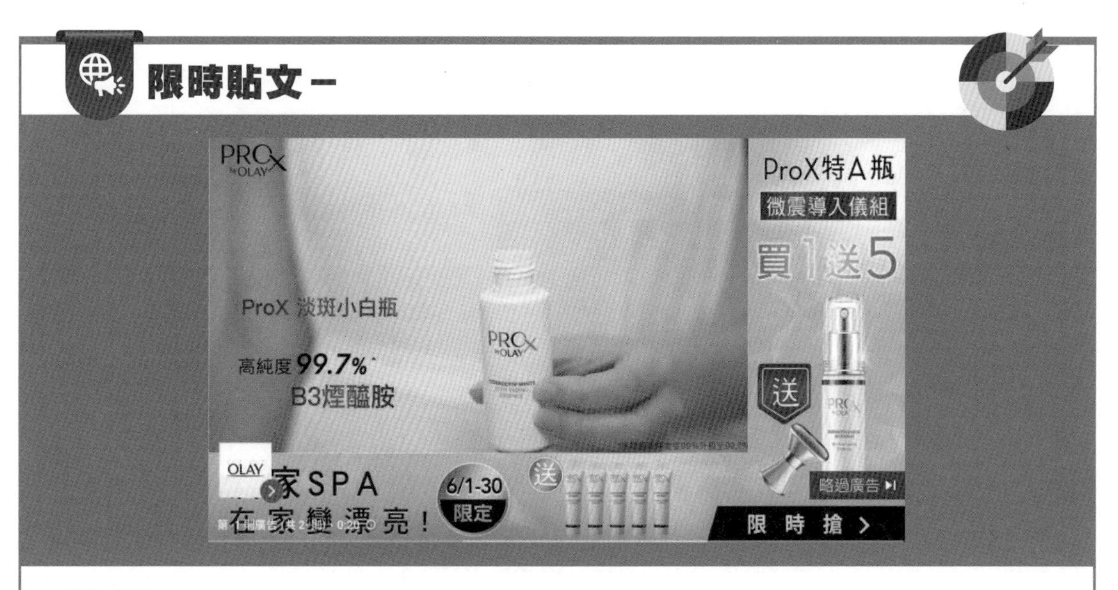

OLAY

目不轉睛了解美麗資訊，也會限時貼文提供愛美知識，讓顧客在自然狀態下接受資訊。

圖片來源：https://www.olay.com.cn/

Friday 影音

臉書滑滑，聲東擊西，透過防疫在家最安心，宣傳用自家平台追劇是你最好選擇。

圖片來源：https://reurl.cc/xEe37e

新光三越

逛百貨很平常，但現在透過 IG 限時動態、圖文也能刺激買氣，如新光三越推出線上慶，讓你滑手機購買無限制。何時何地百貨公司也隨你逛。

圖片來源：https://www.skm.com.tw/

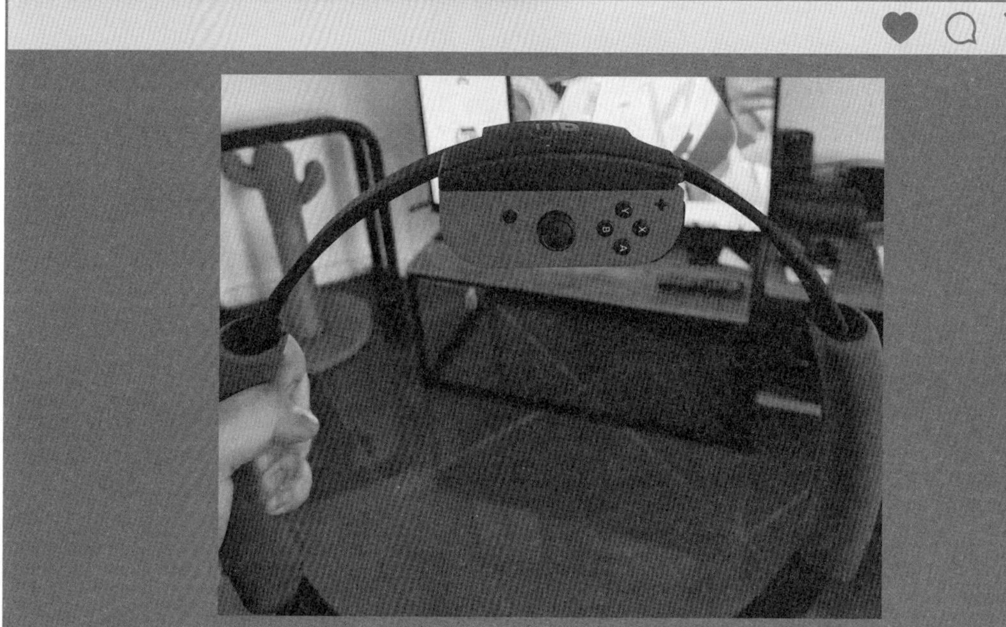

任天堂

線上與電視都同步宣傳，滑手機看電視做運動都已經分不清楚。網路已成為主導媒體的關鍵角色。

圖片來源：https://reurl.cc/WXzOvy

臺灣世界展望會

傳統公益廣告大多在電視上播放，但曾幾何時網路也成為投放廣告的平台。

圖片來源：https://reurl.cc/EZYQ4m

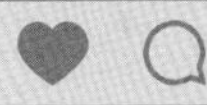

三、電商平台的廣告

1. PChome 24h 購物

PChome 超過 12 萬家網店，是臺灣最大的電子商務平台。舉凡 3C、日用、生活到美妝，結合物流與各項支付系統，讓平台瀏覽人數爆多，相對地也創造了廣告收入。

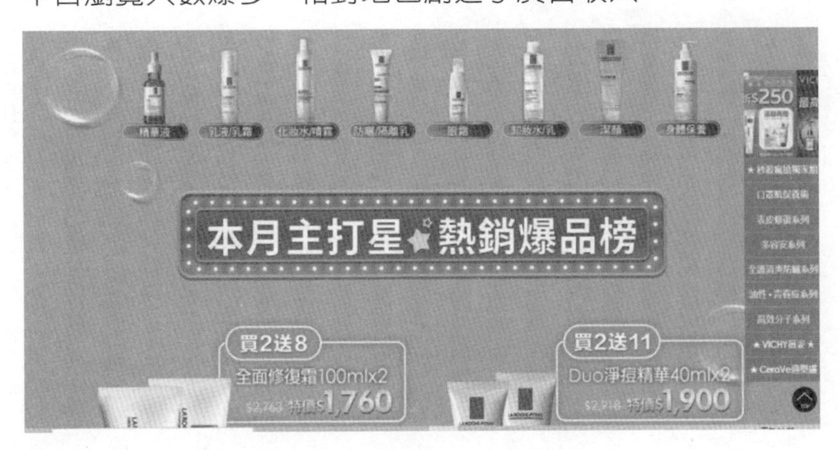

圖片來源：https://www.pchomeec.tw/sites/larocheposay

2. 誠品線上

誠品線上強調 24 小時不打烊，實體書店的氛圍也抵擋不了網路線上的趨勢。近年來也開設網路線上購物，不到書店也能在網路商店。同時誠品投資自家的物流系統，迅速為顧客做到寄送服務。

圖片來源：https://events.eslite.com/2022/220506-romance/index.html?gclid=Cj0KCQjwvqeUBhCBARIsAOdt45aqNM5qll3abzfl3iDNzon4ytaeJzJA5q5qQNwIxJpmBlm4NuyhhCsaAvT2EALw_wcB

3. 露天拍賣

許多小商家選擇露天拍賣是因為商品上架成本低。露天提供給很多微型商家開店，成為電商平台好入手的選項之一。不用店鋪、員工，你也可以當老闆銷售產品。

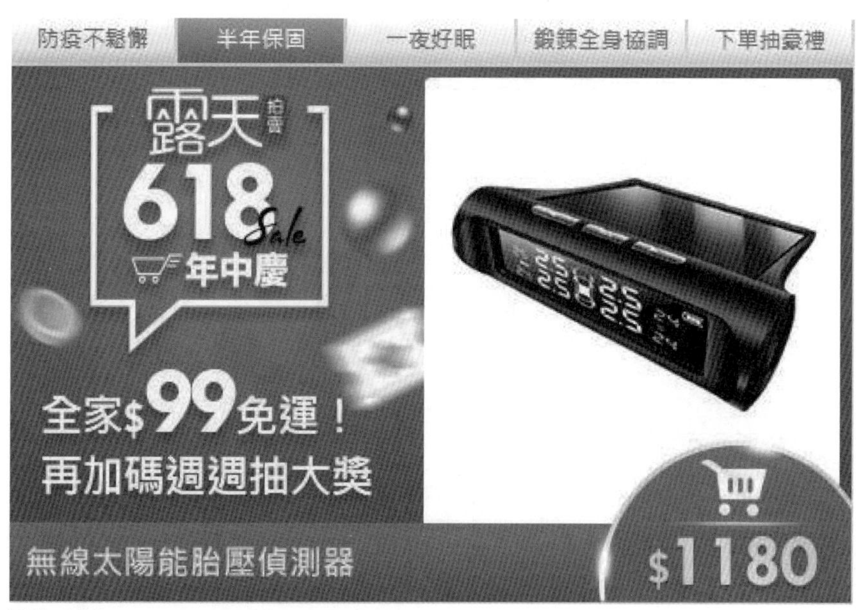

圖片來源：https://www.ruten.com.tw/

四、社群網站的廣告

1. 金蘭小醬

粉絲專頁幫助傳統產業，如金蘭醬油舊品裝新意，吸引年輕族群，透過公司臉書貼文，讓世代溝通無障礙。

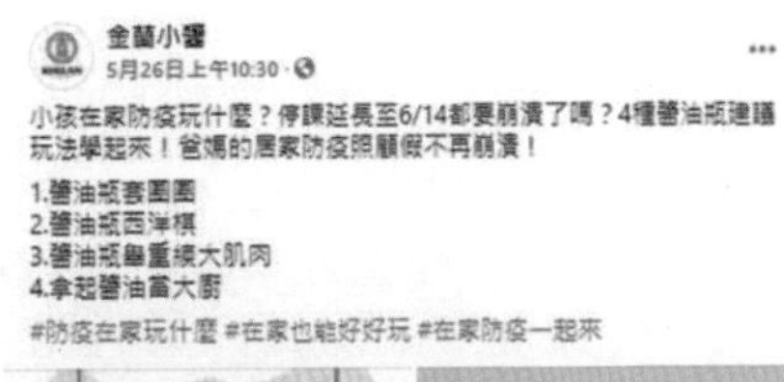

圖片來源：https://www.facebook.com/KimlanFoods

2. SOGO 百貨

SOGO 透過自己的線上平台，祭出不同優惠來吸引顧客！讓顧客不用出門，也能開心購物。

圖片來源：https://www.facebook.com/sogoyoung

3. 捷安特

捷安特在網路上有一個分類搜尋，讓顧客很快能夠了解想要買的車款。查詢功能節省許多的時間，其中分不同的年份與不同的車款，讓顧客馬上了解產品現況。

圖片來源：https://www.instagram.com/giantbicycles/

五、瀏覽器廣告

1. 綠界科技

綠界科技目前是第三方支付的品牌之一，在網路上清楚的介紹各項申請流程，讓開店電店商業者能夠立即加入。網站分類：介紹微型賣場 B2B 到精選商城的付款。

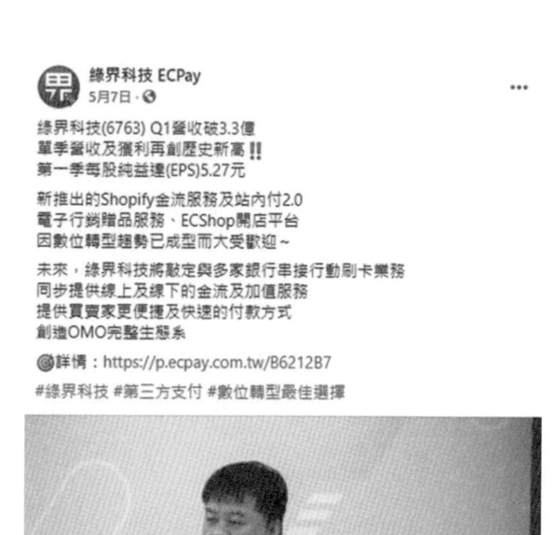

圖片來源：https://www.ecpay.com.tw/

2. 美利達

在美利達自行車的官網，其中一項特別服務是 MBF 人車幾何設計服務，為了讓車友享受如職業選手的專業服務，美利達推出了專業的服務，藉此幫助車友騎乘自己愛車時擁有更舒適的感覺。

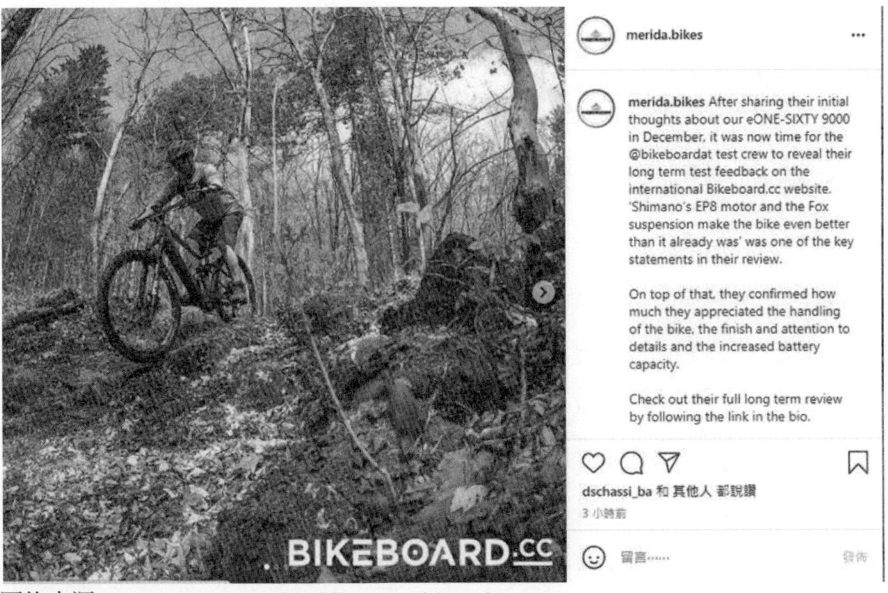

圖片來源：https://www.merida-bikes.com/zh-tw/

3. 阿原肥皂

阿原肥皂首頁一進入就看到充滿草本、天然的設計，在每一個主題產品廣告都放置讓顧客覺得有趣、放鬆的標題，如：產品金好梳－舒舒服服、梳梳福福，文字也可讓人深刻記下。

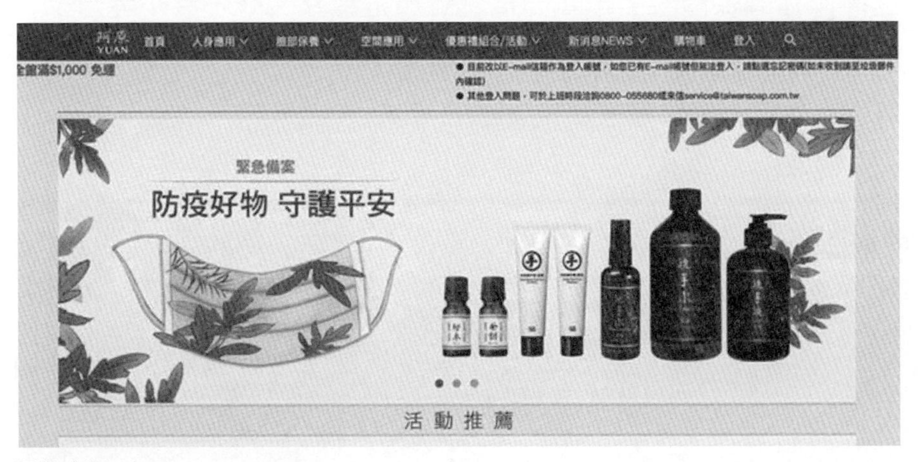

圖片來源：http://www.yuancare.com/index1.php

六、其他種類廣告

除了上述各項廣告外，尚有其他新型態的廣告類型，例如網紅置入性廣告，其操作模式可由廠商聘請網紅業配，或網紅自創品牌的廣告。

8-3 其他網路媒體新寵

一、網紅業配及直播

什麼是網紅？以過去的名詞來說明，部落客算是具備現代網紅的雛型，目前的網紅，一般多指直播主、YouTuber、Instagramer或擁有粉絲頁的社群經營者，透過部落格、影音或直播等方式，分享自己的經驗、唱歌、閒聊或談專業的股票操作等，在網路上擁有自己的平台與粉絲群，成為所謂「自媒體」，有些人自得其樂、有些人經營得有聲有色。據統計，以自媒體當正職的人僅占5~10%左右，其餘皆為兼職經營。甚至更多YouTuber已經開設公司、工作室，以品牌商品接案為主。

二、口碑操作

口碑行銷(Word of Mouth Marketing, WOMM)指的是品牌透過操作社群媒體、發布新聞稿、論壇推薦文、KOL合作等方式，為品牌製造聲量和討論度，藉此提高品牌口碑和知名度，強化消費者對品牌的信任感。

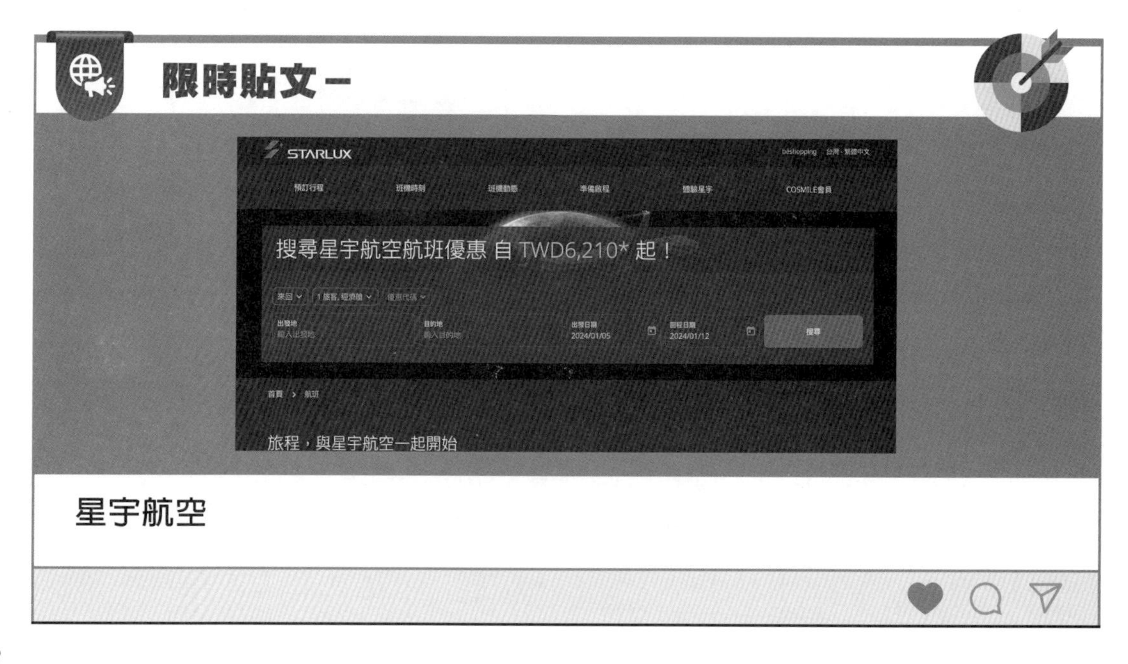

星宇航空

任意選擇想旅行的國家。

星宇航空提供優質的機上娛樂。

星宇航空提供優質的機上美食。

圖片來源：https://reurl.cc/gGonzR

現今數位轉型，人手一機的數位裝置，只要看個新聞也能夠看見旁邊的橫幅廣告，已經滲透進我們生活當中。

表 8-1　2022 臺灣數位廣告量名產業比較

排名	類別	總量（億臺幣）	占比	排名	類別	總量（億臺幣）	占比
1	電子商務、網路原生服務	90.65	15.4%	10	休閒娛樂（如：電影、音樂、旅遊、影劇）	21.88	3.7%
2	應用程式／遊戲產業	82.10	13.9%	11	政府／公部門	21.52	3.7%
3	財務金融保險	55.12	9.7%	12	科技產業	20.13	3.4%
4	快消品／生活用品	50.17	8.5%	13	時尚精品	17.27	2.9%
5	美妝、美容、美髮、美容服務	47.40	8%	14	電信及通訊	16.94	2.9%
6	汽車交通	32.07	5.4%	15	家電產業類	16.69	2.8%
7	零售產業	29.88	5.1%	16	煙酒類	14.96	2.5%
8	醫療保健	26.49	4.5%	17	其他產業	14.32	2.4%
9	房地產／建築／裝潢	24.43	4.1%	18	教育圖書	7.55	1.3%

資料來源：DMA 臺灣數位媒體應用暨行銷協會

小編聊天室

臺灣數位廣告市場趨勢：觀察受疫情影響的美國與日本廣告市場

2020 年初開始，全世界在 COVID-19 的影響下徹底的改變了許多生活方式以及消費習慣，尤其是當生活者無法外出，導致許多線下通路及實體店鋪倒閉或被迫轉型至線上時，生活者的習慣以及購買行為也都同時必須轉型為線上。

臺灣在疫情下的影響相對於世界其他國家小，2021 年 5 月中疫情才開始擴散，企業該如何藉由其他國家的經驗來學習轉型或是觀察出未來的趨勢，勢必是一個重要的課題。

本文我將透過日本市場以及美國市場在疫情影響下的廣告趨勢數據與學習，與大家分享行銷廣告市場大環境的觀察變化。

日本數位轉型加速實現，媒體價值被重新定義

日本從進入疫情期後開始要求民眾「外出自肅」，這對當地廣告產業有著偌大衝擊，根據日本電通公司發布的《2020 年日本廣告費用》數據，發現日本在去年 2020 年總廣告量統計為 6 兆 1594 億日元（約為新臺幣 1.6 兆元），約為臺灣市場的 20 倍。比前一年下降 88.8%。從 2011 年 311 東北大地震以來，廣告量連續八年持續增長，但受到 COVID-19 蔓延影響，去年首度出現負成長，這也是日本繼 2009 年金融海嘯以來，第二大的降幅。

在各媒體項目裡，傳統媒體（電視、報紙、雜誌、廣播）占廣告總額的 36.6%、公關宣傳為 27.2%、數位媒體為 36.2%，對比 2019 年年增率，傳統媒體減少了 84.4%、公關宣傳減少 27.2%，數位媒體則成長 105.9%，是整份數據裡唯一正成長的項目。事實上，從 1996 年統計以來，數位廣告費（包含媒體、電商及製作）一直都在持續增長，總額達到 2 兆 2290 億日元，已與大眾媒體（2 兆 2000 億日元）旗鼓相當。

透過上述數據及日本情況的觀察，可以發現到兩個特點：

1. **數位轉型的加速實現**

原先被認為是將在 10 年後慢慢發生的數位轉型 (Digital Transformation，DX) 在疫情之下，急劇加速實現，以日本五大電視台為例，觀察此前電視台公布的財報可以發現各家電視台收視率皆有下降，但為求在逆境中生存，他們也積極向數位媒體靠攏營生，像是在線上管道播映的影視劇集與動畫中，獲得小幅度營收。

2. **媒體價值被重新定義**

傳統廣告與網路廣告的角色在疫情之下重新被塑造，兩者依循不同的媒體特性，也找到新的媒體價值，傳統媒體（像是電視、報紙）對大眾來說仍是有長期記憶的可靠性與影響力，企業可投放預算在傳統媒體上進行企業形象與產品形象的維持，提高好感。過去投放在實體廣告的預算可挪移至網路廣告上做宣傳曝光，讓兩者各自發揮最大效益而非放在同一基準比較優缺。

美國數位廣告持續成長，舊有生態將被徹底改變

無論是在日本廣告市場或是美國，疫情期間的數位媒體廣告量上皆是呈現增長，美國 IAB（互動廣告協會）在今年 4 月公布了《IAB Internet Advertising Revenue Report》，其中就公布了美國數位廣告量，2020 年美國的數位廣告量比前年增長 12.2%，達到 1398 億美元（約為新臺幣 4 兆元），雖然在 2020 第二季比前年下降 8.4%，但下半年恢復至 22.8%。

美國的廣告市場還正在持續變動，近年因為追求更公平的數位廣告交易環境，美國政府及歐盟接連向四大數位龍頭 GAFA(Google、Apple、Facebook、Amazon) 提出 GDPR 及反托拉斯法的訴訟，最終認定 GAFA 存在數位廣告壟斷行為，這也導致了 Apple 手機更新隱私條款、Google 禁用第三方 Cookie 技術等等的趨勢，也直接影響了數位廣告生態並使得在疫情下加速了改變的速度。

疫情影響，臺灣在數位廣告行銷投資趨於謹慎

2021 年 5 月臺灣疫情開始擴散，許多民眾減少外出，僅透過網路線上解決民生物品以及娛樂需求，諸多企業不得不被迫進入數位轉型階段，根據 DMA（臺灣數位媒體應用暨行銷協會）6 月中發佈的《2021 疫情下的臺灣數位行銷市場調查》可以看到，臺灣市場在 2021 年上半年被積極投資的產業前四名分別是電商 (91.4%)、遊戲 (81.7%)、醫療保健 (62.1%) 及快消日用品 (60.9%)，而在休閒娛樂、餐飲服務及時尚流行等投資較為衰退。

透過這份報告，不難發現臺灣在行銷投資上的態度也較過往更為謹慎，這更直接影響到各媒體廣告總量，如按照 DMA 調查之《2020 年臺灣數位廣告量統計報告》的數據顯示，數位廣告的成長率相比以往，首度在 2020 年的前年比跌至個位數成長率，且按照此發展 2021 年的全年度數位廣告量（數位行銷市場）成長率將會持續下滑。

資料來源：https://reurl.cc/XlxpmR

DMA-2021 年臺灣數位廣告量重點觀察

1. 整體市場突破 500 億規模，規模達 544.3 億，相較於 2020 年的 482.56 億，成長率回復到兩位數，成長率為 12.8%，與過往情況相似，主要成長動力仍來自國際大型平台業者。
2. 依媒體平台類型，一般媒體平台為 337.7 億，社交媒體平台總金額為 206.6 億，成長率 13.5%，高於一般媒體的 12.4%。
3. 就包括展示型、影音廣告、關鍵字、內容口碑四大主要廣告類別來看，總額分別為 180.1 億、147.3 億、130.2 億，以及 84.8 億。展示型廣告仍為主力。
4. 以成長率來看，影音廣告持續保持兩位數動能，成長率為 21.1%。在講求社群導購的目標下，口碑內容類的網 紅直播項目，突破 40 億，達 44.4 億。
5. 依產業別的投放，電商仍是投資金額最大的產業，投放金額為 81.2 億，但成長力道略微衰退，僅較去年同期增加了 8%。
6. 疫情催生出了全球歷史上最寬鬆的資金環境，帶來資金高流動性，讓全球的資產價格創造了一波榮景，帶動包括財務金融與房地產業的投資量能，其中房地產為成長最強的產業別，成長率達 62%。
7. 2020 年疫情影響，包括旅遊、電影的休閒娛樂產業受創嚴重，隨著疫情受到控制，2021 年休閒娛樂產業開始回溫，成長了 27.1%，同時也帶動關鍵字廣告的成長。

資料來源：https://drive.google.com/file/d/1ImckwtDt96PVBdYzeCUYhdFwl64Gcng8/view

促銷不是降價，而是刺激買氣！往往聽到促銷就以為給顧客好康，其實是有時讓顧客疑惑呢？不知不覺地影響她們的印象，覺得好像平價了，可以再等等，或者誤認賣不好！如何讓促銷是擴大使用層面，增加品牌形象，其手法為確認目標市場，有時限量有其效果！也別忘記搭贈的小禮，絕對不能寒酸，如此促銷才能創造業績。

廣告通路我在行

照片

請你上網查詢經常看到的網路廣告，並截圖下來加以分析。

廣告分析：

你會如何下廣告？

學習評量  REVIEW ACTIVITIES

(　) 1. 關於網路廣告敘述何者正確？ (A) 網站頁面不是網路廣告的一種 (B) 廣告的型態跟傳統的媒體型態不一樣 (C) 網頁空間或是稱為滿版面出售給有需要的廠商來刊登廣告 (D) 網路廣告市場成長已達到飽和。

(　) 2. 下列臺灣網路廣告市場敘述，何者正確？ (A) 臺灣的兩千三百萬人口使用寬頻上網的用戶已經超過了一千三百多萬 (B) 臺灣在全球排名的第二十四位 (C) 澳洲紐西蘭 130 萬、新加坡七百多萬 (D) 許多知名的網站公司不想進駐到大中華區的網路廣告市場。

(　) 3. 下列哪一個不是網路廣告的類型？ (A) 廣告按鈕 (B) 無廣告電子郵件 (C) 動畫廣告 (D) 公車廣告。

(　) 4. 網路行銷企劃的最主要意義為？ (A) 跟老闆證明我們行銷部有做事 (B) 向競爭對手挑釁 (C) 傳遞廣告刺激銷售 (D) 幫政府創造 GDP 數字。

(　) 5. 下列何者不是中國禁用的社群網站？ (A) 推特 (B) 臉書 (C)IG (D) 微博。

(　) 6. 下列敘述何者正確？ (A) 社群網站讓傳統以產品為主要的電子商務，轉變為與社群為主的導向 (B) 現代人分享產品只能透過面對面與親友聊天 (C) 在社群軟體，消費者只能成為被動接受資訊者 (D) 實體商店無法與電子商務結合，兩者界線井水不犯河水。

(　) 7. 社群軟體在電子商務扮演什麼角色？ (A) 一直在社群平台分享商品資訊的情況下，許多的問題將會讓越來越多的品牌和零售商倒閉 (B) 無法影響消費者的購物決策 (C) 提供一個平台讓使用者可以共同來分享討論 (D) 經營一個品牌難度比起傳統商務時代反而增加。

(　) 8. 下列敘述何者正確？ (A) 網路商店直接把社群的網站，當作公司商品傳遞的媒介 (B) 即使有網路商店，大多實體商店還是堅持不用網

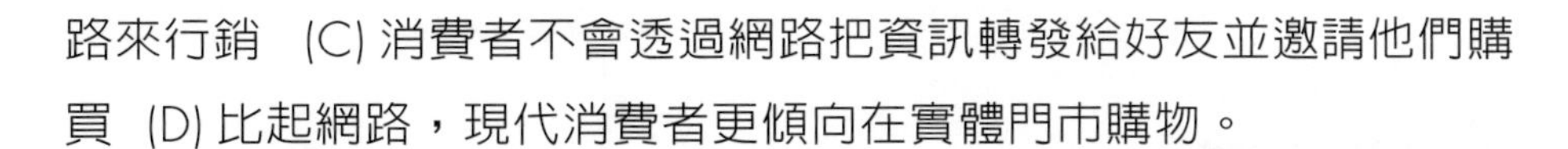

路來行銷 (C) 消費者不會透過網路把資訊轉發給好友並邀請他們購買 (D) 比起網路，現代消費者更傾向在實體門市購物。

( ) 9. 下列敘述何者正確？ (A) 網路意見領袖不會影響人購買意願 (B) 網購產生人情壓力，因為團購有優惠 (C) 傳統的名人已經無法對消費者產生影響力 (D) 網購不需要注意資安風險。

( ) 10. 下列哪項是好的社群互動？ (A) 詐騙他人個資 (B) 在網路公開攻擊與謾罵他人 (C) 隨意在網路公開他人的個資 (D) 檢舉釣魚網站。

memo

09 CHAPTER

網路廣告實務

9-1 LINE 行銷

現在人人都有一支手機，行動通訊軟體已經在我們的生活當中扮演不可缺少的角色，尤其，目前許多人都在使用手機通訊軟體－ LINE，透過 LINE 跟自己的朋友聯繫，傳遞最新的資訊除了通訊，也可以開啓視訊，大家互相看到彼此，同時 LINE 也有表情貼圖，商家可以透過貼圖行銷與置入品牌，如：提供免費貼圖，吸引大量的粉絲與招募新好友。

小編聊天室

LINE Ads 廣告費用

LINE 提供以中小企業為主的廣告專案，如單次採購廣告預算達到廣告收費專案門檻（新臺幣 6 萬元），可依廣告目標需求規劃走期、目標受眾、廣告投放方式。主要的計費方式有三種：點擊計費、曝光計費、好友計費。

刊登模式有自操／代操兩種選擇，如預算達到廣告收費門檻，可選擇廣告操作服務專案享專業經理人服務，輕鬆入門廣告免學操作，購買廣告不用再花時間學習。

依點擊次數計費，只有被點擊了一次廣告才會進行一次扣款。每次點擊價格採實時競價 RTB(Real Time Bidding)，只需為每一個潛在客戶點擊流量而付出廣告費。

1. **網站點擊流量**

   「每次點擊價格 (CPC, Cost Per Click)」

   例如：每次點擊價格設定為 5 元，每月預算設定為 15,000 元，預估每月點擊次數為：15,000 元 ÷5 元 =3,000 次點擊。

2. **廣告大量曝光**

   依曝光次數計費，曝光計價可確保只有在使用者看到廣告時，您才需要付費。優點是可以快速大量的觸及新的潛在客戶。通常以 1,000 次可見曝光作為一個計價單位。每千次曝光價格同樣採用實時競價，您只需為曝光觸及網友的宣傳次數而付費。

「每千次曝光價格 (CPM, Cost Per 1000 impressions)」

例如：每千次曝光價格設定為 50 元，每月預算設定為 15,000 元，預估每月曝光次數為：15,000 元 ÷50 元 ×1000 次 =300,000 次曝光

3. 官方帳號好友

當用戶透過廣告將 LINE 官方帳號加為好友才會產生一次費用（每次加入好友價格）。好處是依加好友次數付費，好友人潮與投入預算成正比，並增加企業官方帳號與用戶之間的加入管道，成為 LINE 官方帳號好友之後可提升忠誠度與互動的機會，並可作為客戶服務管道。

「每次加入好友價格 (CPF, Cost Per Friend)」

例如：每次加入好友價格設定為 30 元，每月預算設定為 15,000 元，預估每月增加好友次數為：15,000 元 ÷30 元 =500 好友數

資料來源：https://www.kpi-ads.tw/Contact-us

9-2 關鍵字行銷

除了 LINE 關鍵字行銷是目前網路行銷的重要工具。Keyword 代表的是各個網站內容重要名詞與片語，我們可以在搜尋網站中搜尋到一組字，例如：專有名詞、活動名稱、商品名稱等等，因為許多商品網站的來源，來自於搜尋網站的關鍵字搜尋，關鍵字背後可能代表一個購買動機，一群龐大的消費力量，所以關鍵字行銷對於廣告預算上是滿物超所值的行銷工具。關鍵字廣告，常是一般網路行銷的入門款，目的是可以讓店家的行銷資訊，在消費者搜尋關鍵字時，可以適時出現在最顯著的位置，讓顧客以最簡單直接的方式找到他想找到的，因此，也能夠符合公司需求。以 Google 為例，消費者在使用時會出現廣告業者所設定的廣告內容，關鍵字廣告的方式是點選關鍵字時才需要付費，它的英文叫做 PPC，也稱作 Cost Per Click，關鍵字廣告較為靈活，而且是精

準的接觸到目標族群，同時廣告預算也可以隨時調整，關鍵字廣告可以選用商品的特性，目標是讓顧客容易查詢到，而 Google 的關鍵字廣告，在後台提供許多實用的工具，可以提供報表與數據，讓業者獲得最完整的廣告效益，因此，Google 關鍵字廣告已經成為現今許多業主在安排廣告預算的參考。

◎ 關鍵字廣告的注意事項

關鍵字廣告的範圍較為限縮，只會出現在關鍵字搜尋引擎的結果中，代表廣告主會出價購買自家商品或服務的關鍵字，當顧客搜尋相關主題或關鍵字時，會依據廣告的競價結果決定各家廣告主的廣告出現與否和各廣告在此關鍵字搜尋結果的排序。

舉例來說，如果我今天想要更換手機的保護殼或想了解關鍵字廣告，在 Google 的關鍵字搜尋引擎分別輸入「保護殼」及「關鍵字廣告」，則搜尋結果出來的前幾名網站若上面有「廣告」二字，就是有購買關鍵字廣告的店家，而這些廣告主的目的是抓住輸入與他們自家產品或服務相關關鍵字的消費者。

1. 付費搜尋行銷廣告 (Paid Search)

指廣告主購買搜尋引擎提供的版面，讓網站能夠在特定搜尋中置入於搜尋結果頁面顯眼的地方。

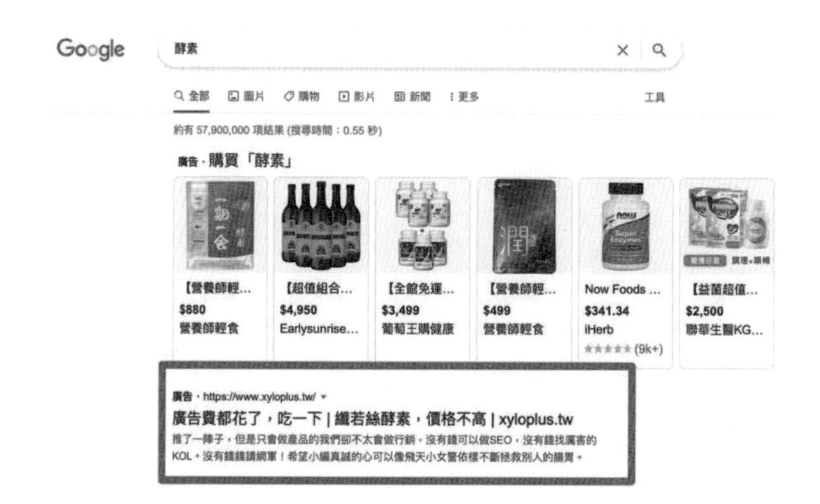

2. 內容比對廣告 (Content Match)

關鍵字內容比對廣告是指文章末端出現相關廣告內容。

內容比對 (Contextual targeting) 是指分析一個網站中的內容並抓取關鍵字後，投放相關的廣告到該網站上的廣告技術。這不是一項全新的技術了，但在屬於行為定向 (Behavioral Targeting) 的第三方 cookie 逐漸式微的趨勢中，又重新受到數位行銷的重視。

隨著加州消費者隱私法 (CCPA) 與消費者隱私權的日益重視，cookie 的淘汰已是勢在必行。而雖然就廣告投放來說，cookie 為基底的行為追蹤準確度遠比關鍵字或內容的比對來得高，但因為目前尚未出現更好的替代方案，所以許多廣告主因此轉向內容比對的使用。

但內容比對依然存在許多比不上 cookie 的問題，例如，內容比對因為無法紀錄或辨識特定的使用者資訊，因而無法控制對使用者投放的精準度、也無法有效控制一個廣告的曝光頻率上限。這樣不精確地展示頻率也會影響廣告花費，例如 CPM 的計算模式。

（TenMax 趨勢快報 I Google 與數位廣告市場對 cookie 式微的應對與困境 https://www.tenmax.io/tw/archives/14201）

小編聊天室

Google 廣告

一、收費和平均每日預算

網路流量如同大海，有時風平浪靜，有時波濤洶湧。如果廠商的廣告因為流量偏低而無法頻繁顯示，Google 會在流量提高時增加放送頻率，藉此彌補曝光率較低的時段。

基於這個原因，對於不是按轉換付費的廣告活動，其單日點擊次數最多可達平均每日預算能支付的 2 倍。這種情況稱為超量放送，而且對廠商有利；如果系統過於頻繁顯示廠商的廣告，導致累積費用超出帳單週期內平均每日預算的金額，Google 會發放與這些額外費用等值的抵免額給廠商。

二、超量放送和平均每日預算

廠商可能會發現每日廣告費用稍微高於或低於原本設定的平均每日預算金額。如有這種情況，在一整個月的帳單週期內，廠商支付的總金額不會超過 30.4 天的平均每日預算金額。

基本上，30.4 是單月平均天數（一年 365 天 ÷12 個月 =30.417）。Google 會將廠商的平均每日預算乘上這個數字，以計算一個月的預算金額。

範例

假設廠商將每日預算設為 $10 美元，帳單週期為 30 天。在一整個月內，費用並不固定，有幾天的費用是 $2 美元，有幾天則是 $10 美元。不過到了月底，費用並不會高於 $152 美元（30.4× 預算 $5 美元）。因此，即使廣告活動費用每天在預算 $5 美元上下起伏，您到月底時所需支付的費用還是不會超過預算金額。

網路流量的變化可能會造成的每日費用上下波動，但到了月底時，就算這些變化難以預測，廠商所需支付的費用也正好會與預期金額一致。

三、檢查是否超量放送

Google 有時會放送超過廠商每月預算的廣告量，如果是這樣，Google 就會將超量放送的費用退回帳戶。如要查看是否已提供超量放送抵免額，可按照以下步驟操作：

1. 登入 Google Ads 帳戶。
2. 按一下帳戶右上角的報表圖示。
3. 在「預先定義的報表（維度）」下拉式選單中選取 [其他]，然後按一下 [已計費用]。
4. 報表會列出每個廣告活動的「放送費用」和「已計費用」。若要計算超量放送的部分，請從「放送費用」中扣除「已計費用」。若要大量進行這類計算，請按一下報表右上角的下載圖示，然後以 .csv 檔案形式儲存。
5. 根據預設，系統會每天顯示資料並按放送費用排序。若要查看特定日期範圍內的資料，請移除「日」篩選條件，並在表格右上方部分設定日期範圍。

資料來源：https://support.google.com/google-ads/answer/1704443?hl=zh-Hant

9-3 新型態廣告

網路廣告近年來較受大家關注討論，不再堅持傳統的橫幅方式，而是繞著使用者的體驗或者本身的產品，它最強的特色是可以無縫接軌的與網頁結合，讓消費者不覺得它是一則廣告，原生廣告也是內容行銷的一種類型，它的表現呈現包括圖案文字描述，會根據不同的網路平台來呈現，我們常常一眼看到的都是廣告，廣告會為了廣告而廣告，但是原生廣告可以讓瀏覽者心甘情願來點擊，融合在行銷內容裡。

除了文字與圖像廣告，若網站內容較適合放置互動性高的廣告，系統會將商品以原生廣告的方式呈現。原生廣告具有以下特性：

1. 視覺整合性

例如在 Facebook 中的廣告可能會化身為一則分享文，盡量以符合網站內容形式而不突兀的樣式出現；但是仍然會在角落標明這是一則廣告。

2. 使用者選擇

會讓廣告成為網站視覺內容的一部分，並且由使用者決定是否要點選展開廣告，不應該突然跳出或放大來干擾使用者。

3. 有價值的內容

在設計原生廣告時，應該要傳遞對於消費者有價值的內容，讓消費者願意進一步點選或閱讀。如果使用者點開廣告後卻發現，這只是一個惡作劇或想讓使用者嚇一跳的廣告，不但無法替品牌宣傳，反而會造成反效果，原生廣告應傳達有趣、有教育意義、訴諸情感面、具啓發性等等有價值的內容。

9-4 其他廣告類型

App 行動行銷已經是許多品牌經營的新寵，App 的效用和益處是許多人喜歡的，尤其是許多公司提供 App 給顧客，讓顧客享受到更便捷的服務，同時也創造更精準的行銷。

例如：Yahoo 奇摩推出氣象 App、電子信箱 App，還有 UNIQLO 日本品牌，透過試穿活動讓全世界每個顧客在試穿時，將試穿影片上傳至活動網站，並且分享熱愛的傳搭方式，這樣的行銷手法讓品牌企業與顧客增加了互動性與趣味性，讓雙方皆受益。

接下來介紹電子郵件 (EDM)，電子報行銷、E-mail 行銷、簡訊等等，是許多企業喜歡的方式，寄給不特定的使用者可以做業務的關係之開發，當消費者收到公司直接寄來的郵件之外，自然會連接到這個網站來消費，倘若有許多網友將此電子郵件設為垃圾信件，是對於公司產生極為負面的影響；上面提出的電子郵件、電子報行銷、簡訊等皆是主動出擊的概念，是企業經營客戶的方式。

《慶澤旅遊>帛琉出發》！終於可以出國啦! 垃圾桶 ×

慶澤旅遊行銷企劃部 <festourmarketing@gmail.com> 8月27日 週五 下午3:09
寄給 密件副本：我

《慶澤旅遊>帛琉出發》！終於可以出國啦!
限量團位搶先預購中>> https://www.festour.com.tw/
蔚藍海洋、神秘綠色島嶼群、天然水族箱、真實天堂!
帛琉被譽為世界上最美麗的海島之一
一生必去一次，環境安全，回來只需「5+9」大幅降低旅行成本
要去現在就是最好的時機!(小編真心推薦)

傳統的簡訊廣告

另一方面，因為環保意識抬頭，傳統紙本行銷已被電子行銷取代，大部分公司已放棄了紙本寄送，而改用電子 EDM 發送產品資訊，使用較有效益的宣傳方式。

小編聊天室

2022 臺灣行銷趨勢觀察：看好產業景氣，以數據力驅動商業創新

DMA 透過會員公司線上問卷與交流討論會方式，回顧 2021、展望 2022 年整體市場觀察及公司營運狀況，並彙整市場觀察，綜合整理出七大重要市場趨勢。

在疫情與數位原生世代成爲消費主力的雙重力量作用之下，數位化進程在各國、各產業、各階層都加速發展，數位化生活成爲回不去的新常態。針對市場的變動，DMA 臺灣數位媒體應用暨行銷協會理事長、funP 雲沛創新集團暨聖洋科技董事長邱繼弘指出，不僅品牌企業需要進行數位整備能力的評估，並建立更多數位接觸點，協會成員公司做為行銷服務的供給方，更須超前部署，分析與掌握數位行為的變化，幫助品牌企業重新定義品牌精神創造的方式，「不僅做到讓客戶數位參與，更要滿足數位體驗的需求，讓數位化成為新時代企業營運的核心價值。」

DMA 一直致力於推動本地業界資源整合，打造健康共榮的數位行銷產業生態圈，自 2019 年首度開始發表臺灣本地趨勢報告，以期形成業界共識，帶動產業發展，獲得相關業界好評。今年進入第四年，報告除了針對 DMA 共 153 家會員發送線上問卷，調查回顧 2021、展望 2022 年整體市場觀察及公司營運狀況，另邀集應用組、代理商組及媒體組三大產業組別、以及協會理監事，共 46 位會員公司主管，舉辦交流討論會，彙整市場觀察，綜合整理出七大重要市場趨勢。透過質化與量化的方法，呈現業界生態。

因疫情日漸平緩，疫苗接種率達一定水準，國內逐步開放管制政策，疫情緩和可望讓民間消費增溫，根據 DMA 針對會員公司於 2022 年 2 月所做的《數位行銷市場與營運調查》顯示，根據目前市場氣氛與走勢，針對 2022 上半年數位行銷市場的景氣預估，50.5% 的會員公司表示，將保持 10~20% 的成長力道，更有 24.7% 的公司認為，會有超過兩成的成長幅度。

問卷顯示，認爲客戶將加碼投資的比重，也從去年調查時的 11.7%，增加到今年的 29.5%。其中，產業部分金融投資與房地產的看好度大幅升高。顯見消費者行為與行銷模式的數位化趨勢，因為疫情之故，已成為必然，即使在疫情平緩，也不會再回頭。

在投資類型部分，數位行銷中的 KOL 網紅模式，因具備社群動員力，更能將行銷與銷售直接掛鉤，使得 KOL 網紅模式越來越受到廣告主青睞。今年調查中，網紅直播代言仍是最被看好的投資類型。

面對產業未來發展，開發新產品與服務為 DMA 會員公司最重要的年度營運重點，然而，除了大環境變動，各公司感受最深刻的在於資訊工程與數據人才不足，這次調查中，44.7% 公司認為缺乏數據人才，42.4% 則表示工程人才不足，分別為第二、與第三大挑戰，特別是近兩年電子電機領域需求大熱，台積電為首的半導體公司，吸納多數人才，更是讓缺人情況加劇，許多公司雖有數位化的企圖新與佈局，卻苦於人才不足，無法加快升級的腳步。這點，需要產官學界一起努力改善現狀。彙整會員們的觀察，2022 年臺灣數位行銷有 7 大趨勢值得關注：

趨勢 01 深化第一方數據收集力，產製獨特感自有內容

由於平台政策變動，第三方 Cookie/IDFA 使用受到限制，去年品牌企業都認知到都經需投入包括串連收集自有網站、應用程式、社群平台等第一方數據的工作，但在如何紮實的落地在日常營運管理之中，成了今年的重要方向。

DMA 建議，數據行銷不能只當作 IT 專案來管理，必須內部共同對標，找出跨部門的共同關注焦點與評估指標，並組織跨部門的團隊，以小規模專案方式，設定共同的目標，將分散的資料都能與單一客戶連結，再以通過對話式服務及粉絲互動的回饋，跳脫只有商品本身的內容溝通，以貼近消費者的興趣點與需求點，產製與品牌精神相符合的自有內容，將廣告與社群結合，創造更多第一方數據源，才能持續帶來新的品牌內容與體驗。

趨勢 02 網紅生態重新盤整，推動制度化的合作

隨著社群平台應用的普及，透過「促購」、「導購」和「團購」三種操作類型，達到商業需求的網紅經濟越來越受到歡迎。然而，也因為人人都能當網紅，整個生態也出現許多亂象。過去網紅合作都採取游擊戰的形式，合作因人而異，但當網紅行銷成為主要的操作方式，從品牌、代理商到網紅，包括合約如何簽訂、內容著作權使用、危機責任歸屬，都需要更制度化的規範，才能共創三贏局面。

趨勢 03 加入更多科技應用，行銷提案升級為營運解決方案

疫情促動客戶消費行為改變，品牌企業除了增加更多元的接觸點，強化虛實之間的整合，最後一哩路也已經改變，不在只是購物下單的那一刻，而是包括後續收到貨品的體驗與分享，形成一個消費體驗環。

在這樣的情況下，代理商其競爭優勢也將從創意提供與媒體發稿，轉變為具備媒體、內容、銷售、數據能力以及技術評估與導入的顧問角色，從整體營運觀點，促成品牌、技術應用與媒體間更好的溝通與合作。

趨勢 04 數據賦能需求高，催生交易平台

由於後 cookie 時代外部數據收集受限，企業除了建置第一方數據庫外，也期待能透過不同的來源，將數據疊合使用，豐富策略分析的面向，也有機會開拓新的收入來源，因此，「有目的性地」獲取資料的數據交換需求日益高漲，催生出所謂的數據市集 (Big Data Marketplace)。

國外已有數據交易市集存在，臺灣供需兩方需求也強烈，不過，由於數據交易所涉及數據所有權如何認定、如何確保個人隱私權、數據品質如何評估，以及計價模式等議題，至今仍還未有本土型的市集平台，現階段包括 DMA 協會在內的公協會組織與民間企業都開始積極倡議，希望從政府的公開資訊出發，第一步先建立起一致性格式，催生有利於本土發展的平台機會與產業生機。

趨勢 05 自動化與無程式碼應用方案需求增加

數位化時代，行銷工作除了透過創意驅動外，數據更是不可或缺的力量，然而，由於數據來源的種類繁雜，應用上將會朝向採取更直覺化、更自動化的視覺圖表，呈現數據全貌的解決方案或平台服務，幫助組織內外部行銷工作關係人，方便進行溝通。

此外，多數企業都面臨到數據與資訊工程人才缺乏的困境，因此對於利用特定軟體來使用模板，即可開發企業所需的數位服務及網站的低程式碼 (Low-code)，或無程式碼 (No-code) 的平台需求也越來越高，解決了過去只有資源充足的大型企業才能負擔數位科技的問題，讓中小企業加快轉型腳步，並有機會發展出新的商業模式，並有助於催生本地 MarTech 新創。

趨勢 06 做好 ESG 社群倡議與行動

數位社群年代，品牌經營關鍵在於清楚獨特的理念價值，隨著重視公平正義的年輕永續世代成為消費主力，而全球又歷經氣候變遷及疫情的衝擊下，強調環境 (E, Environment)、社會責任 (S, Social) 與公司治理 (G,governance) 的 ESG 正成為企業重要的策略關鍵字。

由於不同產業、不同品牌屬性會有不同的 ESG 風險分布，要讓 ESG 不流於口號，未來品牌需從行動透明度、員工認同度，以及消費者參與度三個面向，跳脫只有慈善公益與節能減碳的框架，系統性的掌握國內外法規趨勢，找出 ESG 會如何影響企業營運的關鍵要素，持續性地讓 ESG 理念在產品中落實與溝通，才能真正幫助品牌加值。

趨勢 07 理解 NFT，敲開 Web3 世界大門

透過區塊鏈分散式技術的 NFT 為非同值化代幣 (Non-fungible token)，由於具有不可分隔、替代與互換，以及無法竄改的特性，可追溯證明所有權，使其成為數位資產管理的一種手法。從行銷的角度，成功的 NFT 往往不是創作本身品質，而是社群的經營力，而品牌發行 NFT，在帳面上的收入外，其實是聚集高忠誠粉絲的一種工具，讓粉絲感覺到自己在情感上和經濟上都與自己喜愛的品牌綁在一起。

隨著未來強調去中心化的第三代互聯網 Web3.0 世界話題熱潮，用戶們都可持有 NFT 等代幣，使用特定網路服務，因此，不必要抱著賺大錢的心理過熱投入 NFT，但也絕對不要小看 NFT 未來可能的潛力與機會，現在是一個可以開始入門理解的時刻。

誠如行銷大師科特勒所言：我們正進入「行銷 5.0」的時代，需要的是科技與人性完美融合時代的全方位戰略。從產業生態、科技應用與商務應運角度，DMA 希望提出屬於臺灣本土的觀點，在臺灣加速數位轉型的歷程中，釐清營運的思維，抓住商業新機會！

資料來源：https://www.dma.org.tw/newsPost/1260?fbclid=IwAR2hVfyMnr851ROLc3JP_ptrmnHsvyK4P_4D_Spi3VbSmvGzLxdoi2aoKew

微解封，非行銷唯一之路

許多人因疫情工作受影響！生計無法有收入，但我們看見其他國家的現況，解封又再封！時勢不斷改變與重新洗牌，面臨如此的考驗，我們唯一能執行的就是疫軍突起，用改變創造局面！不論你的小攤位或是大企業，焦點不是在解封而已，更需思考顧客要的是什麼？

改變新吃法或新作法才是有機會突破自己的困境，重新盤點自己的條件，放棄原本的模式，時勢有時是你的貴人，競爭者不是同業，而是看不見的未知，異軍突起非難事，生存的勇氣深信你可以的！

我是網路行銷企劃

請你上網查詢星巴克網站，最新官網資訊並加以分析，再為它寫下新的文案內容（100 字），以及如果是你，你會怎麼下廣告呢？

行銷分析：

我的廣告手法：

學習評量 REVIEW ACTIVITIES

( ) 1. 關於關鍵字行銷敘述何者正確？ (A) 也就是在引擎上，我們搜尋到的一組字 (B) 英文叫 keyword (C) 關鍵字背後可能代表一個檢舉動機 (D) 運用關鍵字是一個挺浪費錢的行銷工具。

( ) 2. 關於關鍵字搜尋，下列敘述何者正確？ (A) 許多商品網站的來源，來自於搜尋網站的關鍵字搜尋 (B) 消費者在搜尋關鍵字時，不影響搜尋結果的位置 (C) 某些關鍵字廣告機會的方式是沒點選時也要付費 (D) 關鍵字廣告可以選用商品的特性，目的是希望廠商容易查詢到。

( ) 3. 下列哪一個是原生廣告的特性？ (A) 堅持傳統的橫幅方式 (B) 只有文字描述 (C) 無縫接軌的與網頁結合，讓消費者不覺得它是一則廣告 (D) 不受大眾注意。

( ) 4. 下列哪一個是電子郵件的特性？ (A) 吸引消費者目光 (B) 當消費者收到公司直接寄來的郵件之外，之後一定會連接到這個網站來消費 (C) 許多企業喜歡的行銷方式 (D) 電子報行銷是被動出擊的概念。

( ) 5. 下列對於 App 行動行銷敘述哪個不正確？ (A) 不是許多品牌經營的行銷新寵 (B) 許多公司優化網站上的體驗可以讓顧客享受到更便捷的服務 (C) 創造對目標客群更精準效果的行銷 (D) 因為現在人人手中一支智慧型手機而興起的行銷手段。

( ) 6. 下列何者不是網站的規劃須考量的項目？ (A) 公司或是電腦是否具備做網站的條件 (B) 放電腦的地方是否需要裝潢 (C) 網站的條件 (D) 網站的成效。

( ) 7. 關於網站成效無法透過哪個指標評估？ (A) 有沒有有效的鏈結到其他官網 (B) 有沒有好好拍攝產品照 (C) 網站的呈現色彩的適當編排及多媒體的安排是否美觀 (D) 內容是不是讓顧客一目了然。

( ) 8. 下列敘述何者正確？ (A) 做網站一定要會寫程式 (B) 直接外包公司，我們自己不需經營，網站也能成功運作 (C) 規模較低一定能用低廉的價格找到提供能力優質的後盾網站公司 (D)Google 軟體或是套裝軟體，能夠節省預算。

( ) 9. 近年來 Facebook 盛行，許多企業皆利用此平台來進行社群行銷，請問何種功能導致該平台成就社群行銷？ (A) 加入粉絲團 (B) 個人檔案頁面 (C) 分享與回應 (D) 塗鴉牆。

( ) 10. 某美食餐廳因家族原因而分家，下列哪項網路行銷方式，最難以凸顯原正字品牌之歸屬？ (A) 部落格行銷 (B) 搜尋優化 (C)Wiki 行銷 (D) 知識行銷。

memo

10 CHAPTER

認識社群行銷 & 實務操作

10-1 什麼是社群?

虛擬社群又稱電子社群或電腦社群，是一群人在網路上針對共同的話題、興趣與嗜好交換意見，所產生的一種社會群體。虛擬社群關係，就好像一個朋友圈，亦是像一個社會型態的網路社區，例如：聊天、寄信、影音分享檔案、討論群組內的點滴，可見虛擬社群特性非常的多元。在美國有三分之二的消費者在購買新產品時，會先上虛擬社群參考觀察評論；有二分之一的受訪者表示，會因為社群上的推薦，而願意嘗試新品牌。

虛擬社群為當代社會的主流，其核心在於網友們透過分享各式各樣的訊息與內容，在交流當中，產生歸屬感。倘若，我們將社群媒體經營得很好，社群的力量很快就可以把行銷內容擴散給更多人看到！

網友在平台上交流跟溝通，也能夠讓你想要推展的品牌，快速展現在粉絲面前，創造社群行銷的影響力！社群行銷就是隨著社群發展成熟，透過緊密關係，發揮其中的商業價值。它不只是一個網路的應用，而是可以讓真實世界的顧客跟產品產生黏著度，並且強化品牌知名度。如果要做好社群行銷，一定要先了解社群媒體的特性，例如：小米手機用經營社群發揮小米的品牌影響力，並持續在市場蔓延。

社群行銷的優勢在於能夠直接從網路上了解消費者的消費觀念、生活態度，甚至是價值觀，進而掌握消費者的消費習慣，以此規劃進一步的操作。

10-2 社群行銷的特性與其他型態之應用

社群行銷經常進行口碑式宣傳、線上討論與推薦，這都是社群行銷創造業績的好方法，社群行銷包含了四個特性：第一個是分享性、第二個是多元性、第三個是黏著性、第四個是傳染性。

在善於社群行銷的粉絲團中，消費者會分享自己嘗試新產品，以及推薦給家人朋友的經驗。一般有下列幾種方式：1. 使用者自行創作內容，許多的部落客會主動分享他們的影音創作，漸漸在網路上成為知名的部落客，之後就在不同的領域裡發光發熱；2. 以一個互動的媒體型態讓大家在社群裡討論自己的想法；3. 網路效應，社群媒體的興起讓網友之間互動頻繁，進而產生強大的口碑影響力。

一、分享性

社群行銷，不一定可以直接販賣商品，但是它的特性就是強調溝通與分享性，幫助許多企業推動新產品。另外，社群的最大價值是由一群人共同建構了他們的人際網路，創造彼此的影響力與互動力，如果經營得當，網友們忠誠度高，粉絲團的情感甚至勝過朋友關係。

二、多元性

社群行銷的多元性，可以用來替代許多行銷工具，除了能因應市場變化，還可以提高消費者數量。社群的發文有非常多種類別，包含了專業項目與各種流行議題！多元性更成為社群的特色。

三、黏著性

許多店家也會經營社群媒體，提供大家有興趣的主題，引起粉絲的注意，只要有相關資訊出來，粉絲的關注與反應，我們就可以體會到社群的威力，因它會吸引許多不同類型的顧客來關注其品牌或產品。

四、傳染性

社群行銷本身就是一個內容行銷，能傳達產品的獨特性與專業性，藉由口耳相傳的口碑傳染力，創造許多公司沒有辦法想像的影響力。

10-3 社群行銷的實務應用

一、FB 實際行銷手法 × 粉絲專頁

談到社群行銷，其中最具代表性的就是 Facebook。2009 年，Facebook 在臺灣開始熱門起來之後，小至零售業，大至企業知名品牌，企業的管理者都紛紛在臉書上經營粉絲專頁，到現在的政府機構，包含前總統蔡英文，都能夠透過 FB 粉絲專頁來傳達資訊。

粉絲專頁成立之後如何落實？ FB 發文的主題為何？在這一節將分享幾個要點。首先，我們要討論的是 FB 的視訊直播。目前有許多網友會在 FB 上分享自己的生活片段，在分享的當下，FB 就是一個銷售平台。有些人自己拍片，有些人當直播主，與網友間有許多互動，藉此創造了許多交易量跟銷售業績。

另外，店家在 FB 上發布產品相關資訊的動態消息時，藉由粉絲的點讚與分享，能夠讓消息散布到粉絲們的朋友圈中，吸引更多人關注。尤其發布夾帶照片或影片的貼文，更能吸引大眾目光。

此外，許多人會在 FB 上的聊天室傳送即時訊息，顯現了 FB 的即刻性功能。

秀一下！開啟 FB 視訊直播

前往您想要發布直播串流的粉絲專頁、社團、個人檔案或活動。

在貼文撰寫工具下方點按直播按鈕。

為影片新增說明。您也可以標註朋友、在特定地點打卡和新增感受或活動。

點按開始直播。

要結束直播時，請點按結束。

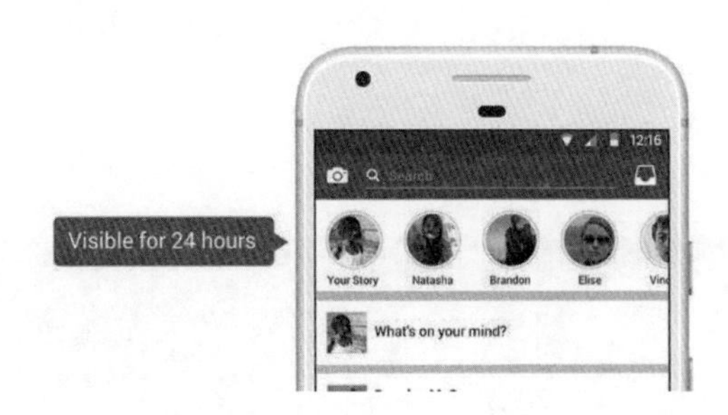

視訊直播往往能夠獲得不錯的觀看數，同時也能提高店家的產品銷售量。尤其在 FB 進行直播時，透過粉絲在朋友圈的分享與互動，能讓直播消息或產品資訊以快速且大量的方式傳遞出去，達到 FB 社群行銷的效果。

另外，再加強經營動態消息，店家可透過動態，進行行銷享受產品資訊，在動態消息時，你能夠將好友的近況展現出來達到行銷朋友圈，目的在這樣朋友之間也會特別關注臉書行銷，在臉書的經營面上，可以透過動態消息偏好的設定來產生成效。

讓使用者在發送訊息不受干擾，行銷的資訊透過臉書的朋友傳遞消息，行銷就能夠得心應手。

我是銷售王！在 FB 銷售商品

STEP 1 點開臉書

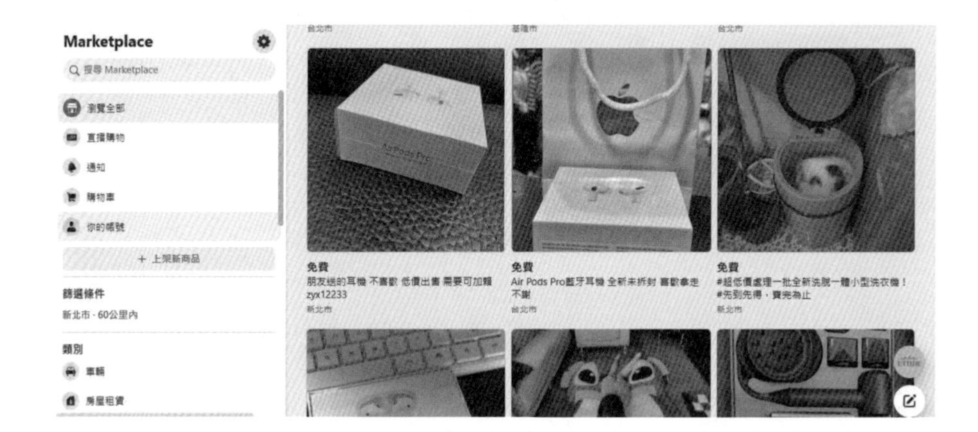

STEP 2 上架商品

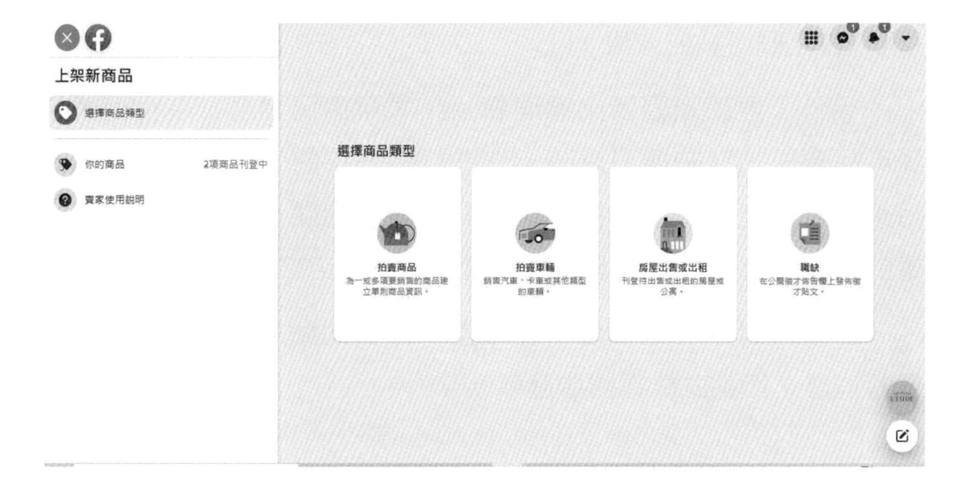

STEP 3 放上產品照、輸入產品資訊

STEP 4 發布資訊

STEP 5 完成上架，等待客人下單

經營 FB 粉絲專頁 Let’s Go

FB 的主題企劃

針對品牌形象、產品定位，量身打造專屬的企劃案，發想方向可以依循顧客喜好，或是新趨勢與流行等，將主題定位清楚後，可進一步規劃系列活動，像是配合特殊節日舉辦各項促銷活動。另外，也要懂得對付競爭者，適時靈機應變，掌握市場動向。

如何設計圖文

1. 拍出屬於自己風格的照片

現今的攝影器材已越來越輕便、功能越來越強大，最方便、隨手可得的相機即手機，現在的新型手機都會強調拍照功能的優點，如：iPhone 15 最新機型，除了有電影級的錄影模式，還具有清晰優秀的夜拍效果，只要用一支手機就能拍出如攝影機質感的畫面。因此，隨拍隨分享、隨拍隨上傳已成為一股流行風潮。當然，相機在專業商品拍攝也是不可替代的方式。大家可以依照自己的需求，循序漸進地增加拍照設備，以下綜合介紹幾種拍照風格：

(1) 商品照

拍攝商品要注意幾個要點：商品需清楚明亮、細節清晰、多角度拍攝等，若是商品體積不會太大，可使用微型攝影棚拍照，或是善用打光器，讓燈光充足，商品才不會產生暗角、陰影，使商品質感提升。

微型攝影棚，操作簡易，方便使用

商品照示範

(2) 情境照

情境照的要點在於布置場景，如果拍攝小商品只需要布置桌上擺設即可；若是大商品則需要一個足夠的空間，以及更多的裝飾用品。

商品主題的需求不同，需要設計空間也不同

擺拍示範

(3) 外景照

生活化的照片可以加強商品形象，因此，可養成在生活中拍下美好照片的習慣，一來可學習拍照技巧，二來也能收集照片素材。現在有許多網美咖啡廳、餐廳、展覽等，都是為了喜愛拍照留念的大眾所開發的新趨勢，大家可以好好利用身邊隨處可見的拍攝場域。

示範照，可依粉絲專頁的主題，拍出適合的生活照

(4) 後製

照片拍好後，需要選出適合的照片加以後製，加上適當的宣傳標語，或將商品照製作成 EDM（電子 DM），將資訊結合照片，直接傳達給粉絲。

電腦後製照片示意圖

2. **運用文字，玩出新創意**

以下介紹幾種文案的發想方向：

(1) 標題式（標語警語）：標題下的是否足夠吸睛，是點閱率的關鍵。

(2) 故事式：可運用說故事的能力，介紹品牌故事、說明商品特色等。

(3) 新聞式：事件話題也是吸引讀者觀看的要點之一，常常追蹤時下發生的新聞、潮流，只要是相關事件都可結合自家商品，創造商品的話題性。

表達方法

1. 說故事法：借助流行議題來製造話題，引起顧客共鳴。
2. 提問語氣法：能與顧客互動。
3. 訴諸專業權威法：解讀數據，提供正確又實質的資訊。
4. 正話反說法：轉換角度，出奇不異，更能凸顯商品特色。

貼文文案的成功關鍵因素

1. 符合行銷目標。
2 讓顧客樂意轉發。
3. 主動留言。
4. 購買率。
5. 推薦購買。
6. 成為忠誠粉絲與顧客。

FB 文案

文案不是文學作品，而是商業作品。文案必須能夠吸引到顧客，進而達成行銷目標，操作 FB 文案要當作一個行銷活動，而寫作者就是背後的企劃總監，需要先訂定一個目標，才能準確掌握文字的影響力。為了因應網路的變化性，貼文不能太過死板，要懂得接受突發狀況，隨時調整方向，做個靈活的文案寫手。

經營 FB 思維

需以目標市場及顧客加以區分，如：能直接銷售的客戶、潛在客戶，或是其他不同族群等，針對企業品牌市場及顧客做分析，是非常重要的工作。

小編的任務與禁忌

小編是公司企業或品牌的操作者，必須正確傳遞品牌精神、傳達企業使命，因此必須了解產品的特色，勿將貼文作為抒發個人情緒之用途，並且不能隨意在網路發聲，必須尊重業主或主管，先取得他們的同意。

FB 管理與顧客經營

發文內容必須投其所好，公司推出商品的檔期、優惠活動，須內部事先溝通清楚，發文後的內容不宜一改再改，這樣會造成客戶對其品牌的信任度降低。並且小編需要積極地經營好與顧客之間的關係，對於顧客的留言及私訊，都需即時地回覆與互動，如此才能取得顧客信任，使他們穩定追蹤與購買。

STEP 9 如何讓顧客主動按讚

提供必要的資訊、時下趨勢、商品福利，以及宣傳用圖。

STEP 10 微型市集創業的 FB 操作術

品牌定位清楚、凸顯商品特色，經常發想行銷活動。

◎ 12 種促銷手法

1. 折扣 / 折數。
2. 滿千送百 / 禮券、折價券。
3. 滿額送贈品。
4. 集點。
5. 抽獎。
6. 免息分期付款。
7. 包裝促銷 (大贈小、加量不加價)。
8. 數量折扣 / 買一送一。
9. 留言 / 按讚 / 驚喜。
10. 會員中心。
11. 粉絲邀約。
12. 特殊時段優惠。

在 FB 買廣告

先了解「Boost Post」和使用「Facebook 廣告管理員」的分別

無按鈕	取得報價
馬上轉	查詢播映時間
立即申請	瞭解詳請
搶先預約	預約時間
聯絡我	查看菜單
下載	來去逛逛
領取優惠	立即註冊
取得報價	訂閱
查詢播映時間	觀看更多

開設「廣告管理員」帳戶

STEP 3 選擇適合自己的 Facebook 廣告目標

Facebook 廣告刊登位置

Facebook

手機版動態消息廣告

Instagram

STEP 4 設定 Facebook 廣告受眾

預算和排程
請設定廣告預算與投遞時間。

預算 單日預算 NT$100
NT$100 TWD

每天花費的實際金額將有所不同。

廣告排程 ○ 由開始日期起持續刊登廣告組合
◉ 設定開始及結束日期

開始	2019-3-15	01:49
結束	2019-4-15	01:49
	(太平洋時間)	

你的廣告將刊登31天，花費不會超過NT$3,100。

顯示進階選項

設定 Facebook 廣告內容，包括影片、圖片及文案

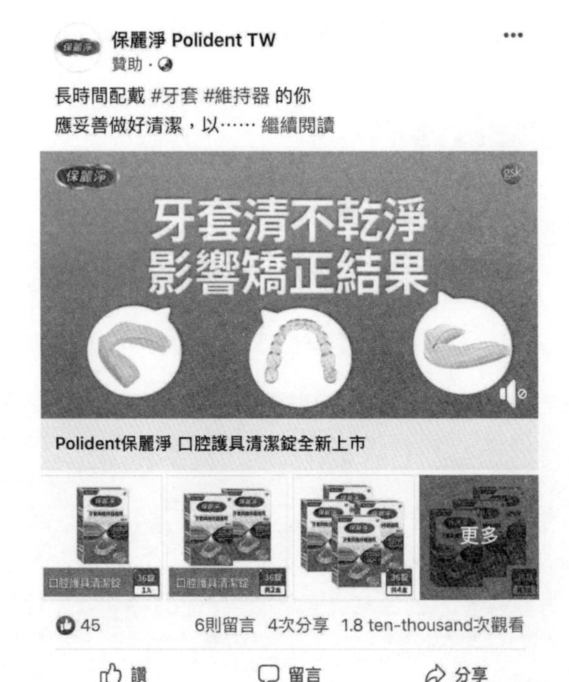

發布並等待廣告審批

二、IG 行銷手法

IG 是結合手機拍照與分享照片的新社群軟體，是目前眾多社群平台當中和追蹤者互動頻率最高的平台，談到 IG 的操作，其實相當簡單！而且是非常即時性與互動性的軟體，許多年輕人常常會發布圖片並搭配簡單的文字，傳遞此刻心情，目前許多公司除了臉書之外，也開始操作 IG，IG 行銷可以讓我們的產品有較多的媒體形象效果，同時在社群間產生擴散效果，漸漸逼近 FB。如台新銀行用 Richart 這品牌人物來作為 IG 的圖文主角，對話與照片皆有趣且豐富！讓所有辦理金融業務的消費者能夠更加貼近專業領域，也樂於參與台新銀行的網路服務。

IG 生活拍拍拍

STEP 1

認識修圖軟體

1. fotor

適用於電商產品修圖、設計，擁有快速去背、尺寸調整等基礎設計功能，以及海報、社群貼文等模板，介面操作簡單。

https://www.fotor.com/tw/

2. 美圖秀秀

主打人像修圖功能，能將美中不足的小地方調整得更精緻。

https://xiuxiu.web.meitu.com/?xiuxiu

3. Snapseed

適合用來修風景、自然照片，App 含有基礎修圖功能，並擁有調整圖像氣氛及特效的功能。

https://www.captureone.com/en/explore-features?gclid=CjwKCAjwtpGGBhBJEiwAyRZX2rdWdoi4kHGYrkZroFUNxVFwqoucQvjygnW_6pfl_2Ok-gp08UgYsRoCMQkQAvD_BwE

整個城市都是我的攝影棚

因 IG 的 PO 文主要是以圖片為主，再搭配文字敘述創造故事性，因此照片吸不吸睛就成為了關鍵，尤其現今手機的相機功能越來越強大，隨拍隨上傳已是常態。以下介紹幾種拍攝風格，大家一起拿起手機拍一拍吧！

1. 個人生活照

跟朋友喝咖啡、出去旅遊、運動，都可隨時拍下來，上傳至 IG 分享自己的動態並和朋友互動。

示範照

2. 食物照

食物的擺拍很重要，要能夠強調主題食物，再用濾鏡更換風格。

示範照

3. 動態錄影

IG APP 有內建拍照、攝影功能，可提供即時拍照、錄影，許多功能都極具巧思，如：照片或影像可更換布景風格、Boomerang 可拍動動影片，還有連續短片和直播等。

示範照

4. 商品拍攝

示範照

IG PO 文 & 發限時動態

STEP  發布貼文

新貼文　下一步

安妮塔：「喔不，如果我會離開這裡，絕不會是為了別的工作而離開。」

庫伊拉：「喔是嗎？那會是因為什麼理由呢？」

安妮塔：「我不知道...例如我有遇到對象吧，而在這裡工作和我們的人生計劃並不相容。」

庫伊拉：「婚姻是吧。」

安妮塔：「也許是。」

庫伊拉：「毀在婚姻中的女人，比死於戰爭、飢荒、疾病和天災的還多。親愛的，妳很有才華，別浪費它了。」

—《101 真狗》（101 Dalmatians）

STEP  放自己要的照片與文字，先選擇濾鏡

下一步

安妮塔：「喔不，如果我會離開這裡，絕不會是為了別的工作而離開。」

庫伊拉：「喔是嗎？那會是因為什麼理由呢？」

安妮塔：「我不知道...例如我有遇到對象吧，而在這裡工作和我們的人生計劃並不相容。」

庫伊拉：「婚姻是吧。」

安妮塔：「也許是。」

庫伊拉：「毀在婚姻中的女人，比死於戰爭、飢荒、疾病和天災的還多。親愛的，妳很有才華，別浪費它了。」

—《101 真狗》（101 Dalmatians）

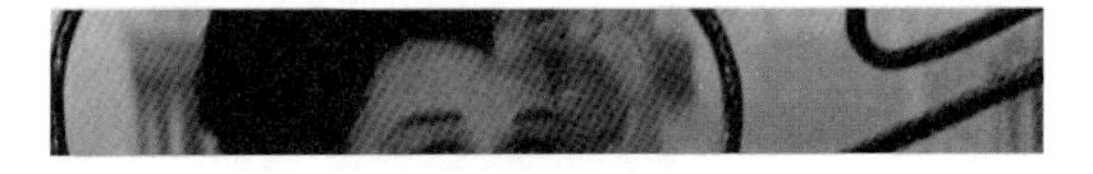

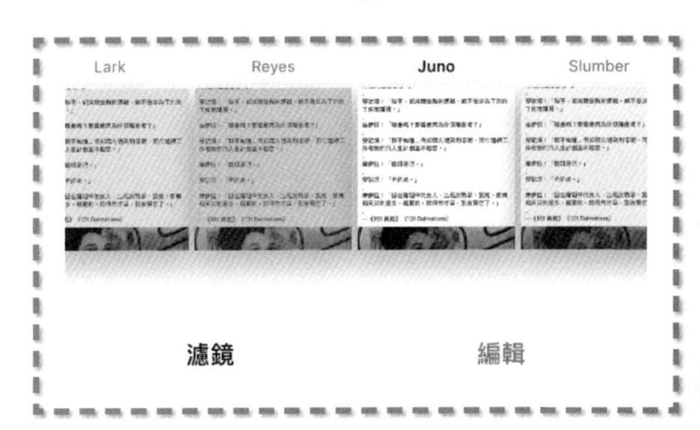

STEP 3 標注好友

STEP 4 發布

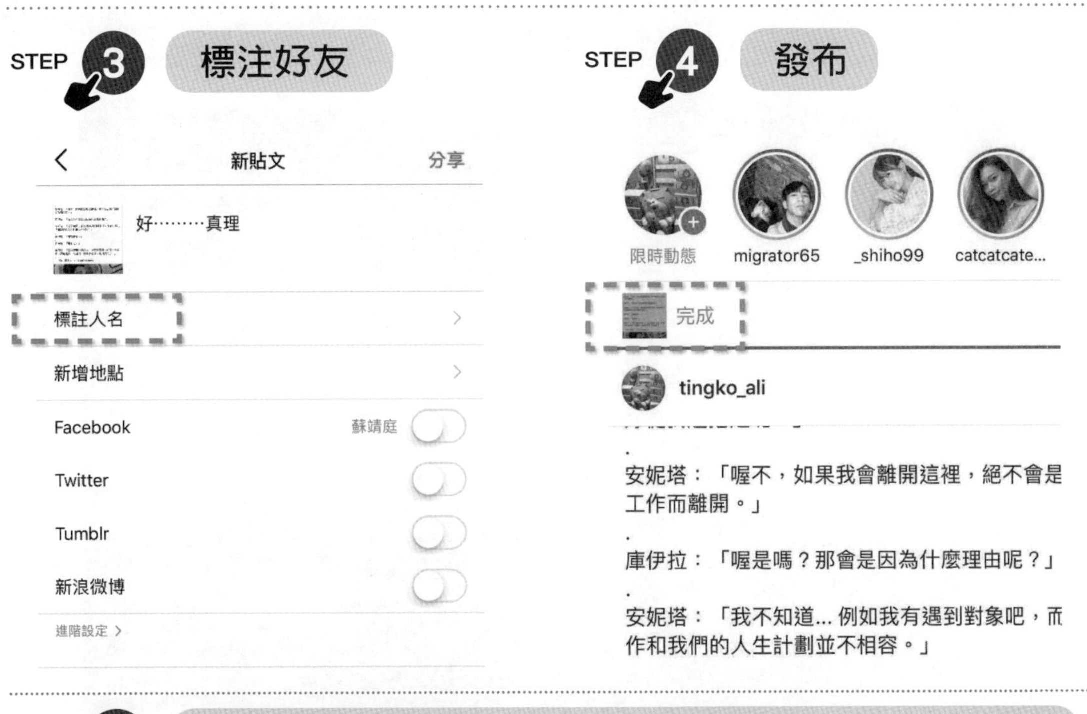

STEP 5 觀察讚數與留言，評估自己宣傳成效

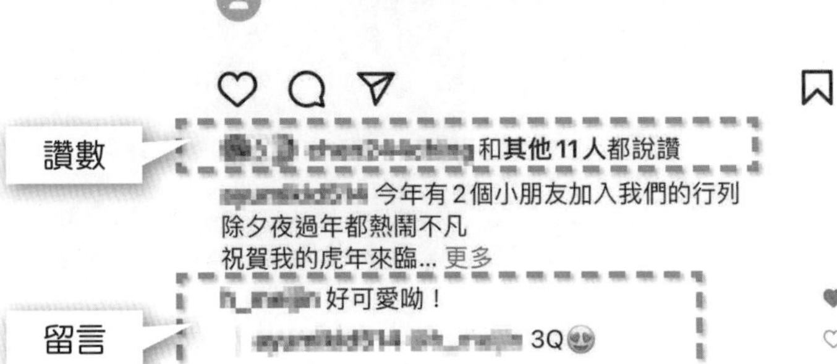

發限時動態

STEP 1 點按「限時動態」

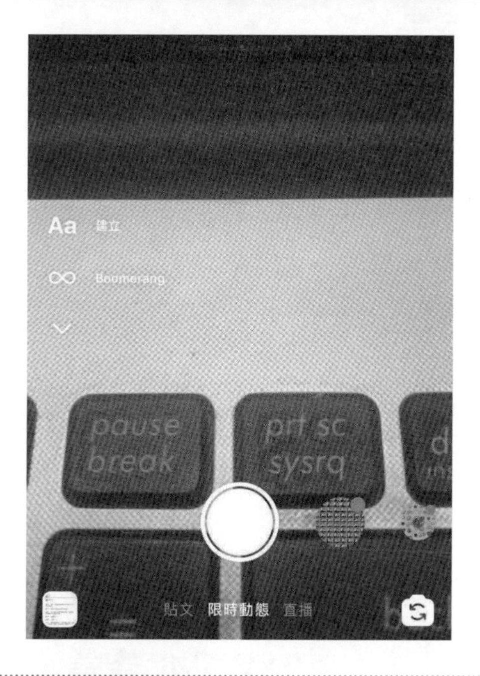

STEP 2 限時動態的類型

依據想發文的類型，選擇不同的功能。

打上文字

◎ 文字功能包含：

1. 純文字
2. 用底色 Highlight
3. 不同字型
4. 文字動畫功能

以上功能都可試試看，玩一玩。

調整自己喜歡的濾鏡

1. 畫面左右滑動，即可變換圖片風格。
2. 按右上「濾鏡篩選器」，可變換多種特效背景。

STEP 5 完成發文

完成後，可選擇公開發文或僅供摯友觀看。

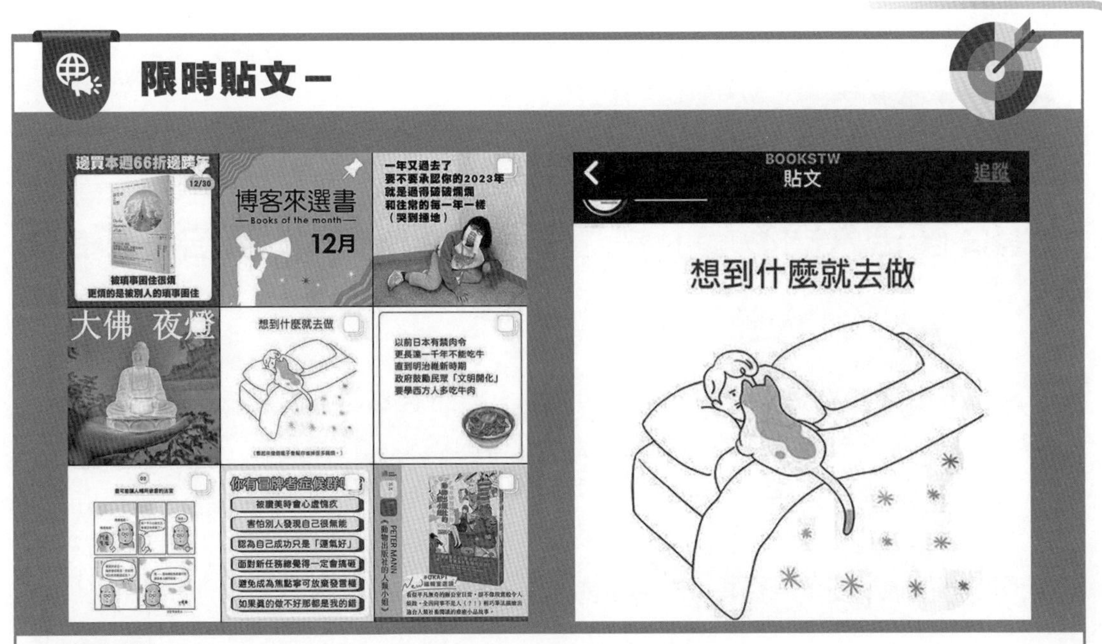

博客來

雖然只是水果貼文，但標題「鳳梨界的 LV~ 金鑽鳳梨篇」讓人印象深刻！趣味的寫作手法更容易引起網友更多的青睞。

賴清德社群

小編聊天室

【IG 廣告入門教學】注意 5 要點提升你的廣告投放成功率！

https://today.line.me/tw/v2/article/LVoNP0

為什麼商家要投放 IG 廣告？歸根究柢，IG 的自然觸及率過低。（自然觸及率是：出貼文，沒有人點擊、分享及評論情況下的觸及人數的比率。）一般情況下，即使你有 5,000 位粉絲，一篇貼文也很難讓超過 250 位粉絲看到。

想學會如何投放 IG 廣告做宣傳，以下 5 點你一定不能錯過。學會這 5 點，能讓你避開很多效果差距和失敗的可能。

一、IG 廣告版位選擇

其實 IG 內主要有 2 個廣告版位可以投放廣告：

1. 原生廣告 (Wall Post ads)
2. 限時動態廣告 (Stories ads)

（一）原生廣告 (Wall Post ads)

我們平常在 Wall 看朋友的貼文時，中間插進來的贊助廣告 (Sponsored adv) 就是原生廣告，這廣告打破 IG 不能點擊任何連結的規限，可以在圖片／影片下方放上一個點擊按鈕 (Call To Action Button)，消費者看到廣告後可直接點擊，進入網站購物或了解更多資訊，有別於以往消費者需要主動搜尋或私訊店家的 IG 頁面或網站。但注意，大部分的原生廣告都是以黑色貼文型式出現。

（二）限時動態廣告 (Stories ads)

有人會叫 IG Story 廣告、影片廣告、限時動態廣告和 Stories 廣告，一般的限時動態在自己的專頁上只能出現 24 小時，只要開啟投放「限時動態廣告」，就能打破只有 24 小時的限制，廣告會於用戶觀看限時動態時穿插在裡面。原定要超過 10,000 追蹤者才會開放的功能「Stories 向上滑的導購連結」，利用廣告同樣能得到解鎖，增加客人購買的意願。需要注意，限時動態廣告並不會在專頁內的限時動態出現。

原生廣告和限時動態廣告，哪一種比較好？這取決於廣告內容及目的，有些用限時動態廣告較適當，有用原生廣告會好一點。

總括而言，Facebook 及 Instagram 建議多用限時動態廣告時，我留意身邊 IG 用戶很長時間，都發現他們使用限時動態居多，比使用原生廣告去看朋友或專頁資訊的比率高很多，10 個人裡有 7 個人看限時動態的時間及互動比例，都比看貼文的要高。

二、IG 廣告收費機制

其實 IG 廣告收費或價錢跟 Facebook 廣告都是一樣，實報實銷。就是說投放 $1,000（港幣）廣告費就能取回，相等價值的廣告位置給你。

基本概念是這樣，但也會因為市場競爭、想要的最終目標及廣告設定等情況而有所變化。IG 廣告收費或廣告費用計算方法有兩種，IG 廣告可以按點擊收費或收每 1,000 次曝光來收費。兩者沒有說哪一個比較好，一般情況都會以按每 1,000 次曝光收費。

依照我觀察在 IG 廣告曝光 1,000 次的成本大約為 $20（港幣），所以在 IG 買廣告的費用並非什麼天文數字或祕密。

三、廣告素材使用方向

很多人在投放廣告時沒有考慮到廣告在不同版位的使用方向，例如限時動態廣告，客人要點進入網站並不是真的點擊，而是要向上拉。另一個例子是原生廣告，若你沒有把最重要的資訊放在圖片上，客人是看不到的。

因為大部分的人用 IG 時都只看圖片，不會細看文字內容。如果沒有把重點放在圖上，客人就會不知道你在做什麼。所以在製作廣告前，必須先設定好廣告的內容與編排方式。

四、選擇投放廣告管道

IG 投放廣告的管道主要有 2 種。

1. 在 IG 貼文上點擊帖文右下方的藍色「推廣」制。
2. 或是在 FB 廣告管理員 (Facebook Ads Manager) 投放。

有人會有迷思：「在 IG 版面上直接使用藍色制投放廣告，比使用 FB 廣告管理員效果更好。而這兩個方法是在不同地方操作，所以有不同效果。」其實不論使用方法 1 還是 2，最終都會回到 FB 廣告管理員。大家不要忘記 IG 是 Facebook 旗下的一個平台。所以 Facebook 把這兩個平台的廣告操作都合併放在 FB 廣告管理員上。

就是說，如果你點擊藍色制投放廣告後，FB 廣告管理員那也會顯示你的廣告，簡單來說，這個藍色制只是幫你在 FB 廣告管理員建立廣告的快捷鍵。

當廣告最終都是回到 FB 廣告管理員上，那廣告效果還會有分別嗎？相信是沒有。但在設定上，使用 FB 廣告管理員會多很多選擇，而要投放 Stories 廣告，都必需於 FB 廣告管理員操作。不要再有「在 IG 上投放廣告效果會好一點」的迷思了。

五、YouTube 廣告

1. 首頁刊頭廣告 (YouTube Masthead)

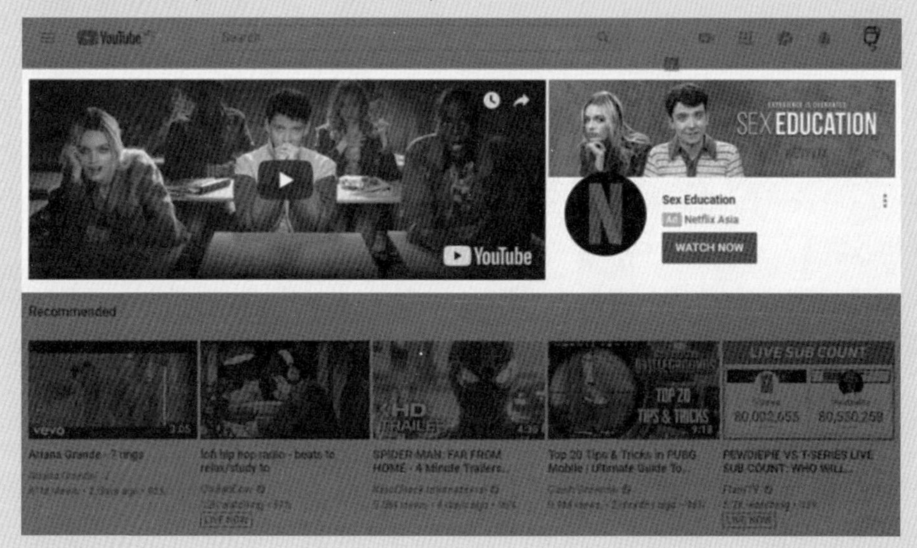

2. 串流內廣告 (TrueView In-Stream)

(1) 可略過式插播廣告

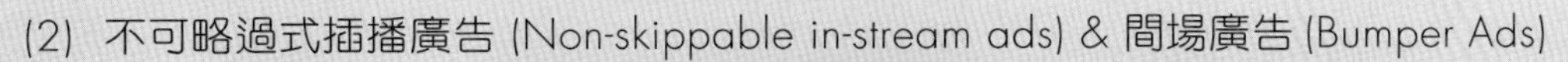

(2) 不可略過式插播廣告 (Non-skippable in-stream ads) & 間場廣告 (Bumper Ads)

3. 探索廣告 (TrueView Discovery Ads)

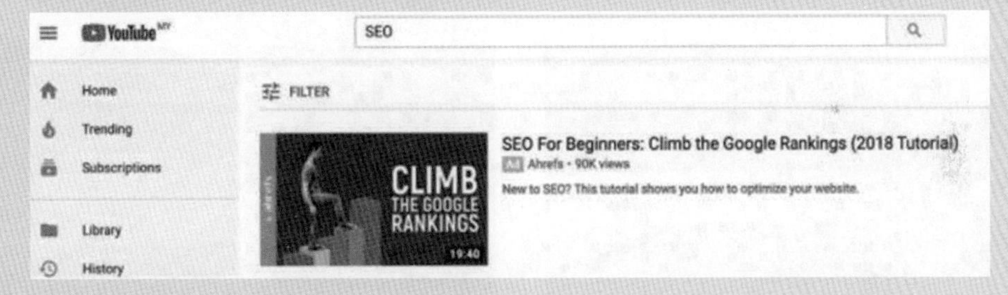

4. 串流外廣告 (TrueView Out-Stream)

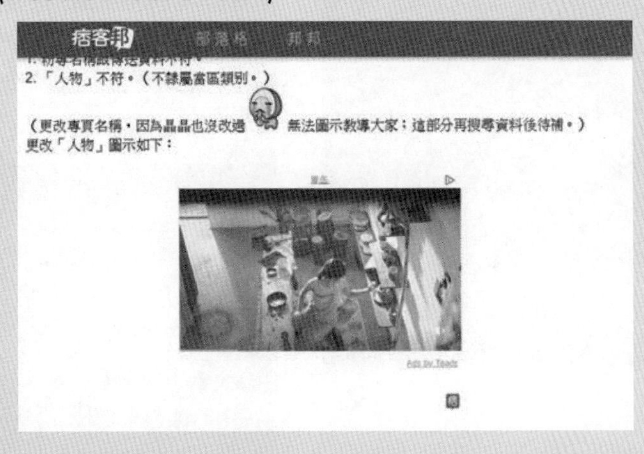

三、YouTube 影音行銷

影音是常見的行銷方法，YouTube 孕育出了許多知名的 YouTub，成為網路名人跟新寵的搖籃，影音直播能夠推展非常多的區域，所以動腦筋動得快的人，就會善用直播來打造自己的聲望跟知名度，預算夠的廠商，會購買 YouTube 的獨家廣告，創造更多廣告效益！

上傳 YouTube 影片

STEP 1 選擇「上傳影片」

STEP 2 修剪影片

STEP 3 打上標題

← 新增詳細資料　下一步

網路行銷企畫與
社群經營手法

赤欣

0:15

標題 (選填)
網路行銷課現場上課
9/100

新增說明 >

公開 >

地點 +

加入播放清單

STEP 4 選擇影片觀看限制，上傳

遠傳電信　16:22　36%

← 選擇目標觀眾　上傳

這是為兒童打造的影片嗎？(必答)

無論你位於什麼地區，都必須依法遵守《兒童網路隱私保護法》(COPPA) 和/或相關法律的規範。這代表你必須替影片加上標示，說明是否屬於為兒童打造的內容。什麼內容屬於「為兒童打造」

○ 是，這是為兒童打造的影片

◉ 否，這不是為兒童打造的影片

年齡限制 (進階)

是否要將影片設為僅限成人觀眾收看？

設有年齡限制的影片不會顯示在 YouTube 的特定版面中。此外，這類影片可能只會放送部分廣告，或完全無法透過廣告營利。

○ 是，將影片設成僅限年滿 18 歲的觀眾收看

◉ 否，不要將影片設成僅限年滿 18 歲的觀眾收看

限時貼文－YouTuber 實例分享

志祺七七 X 圖文不符

時事議題評論型頻道

https://www.youtube.com/c/shasha77

黃阿瑪的後宮生活

寵物型頻道

https://www.youtube.com/channel/UCw2W7GIqJNB-UMUxncnMuiw

Hello Catie

美妝類型頻道

https://www.youtube.com/c/HelloCatie

Rosalina's Kitchen 蘿潔塔的廚房

美食烹飪類型頻道

https://www.youtube.com/c/RosalinasKitchen 蘿潔塔的廚房

數位行銷前哨戰

網紅潛力股

你是否有在經營粉絲頁呢？或 IG 呢？或是有你喜歡的粉絲專頁 or IG，無論是你自己 or 網紅，請分享你／別人的社群行銷的實戰經驗。

分享自己／別人的社群網站：

照片

吸引力分析：

學習評量  REVIEW ACTIVITIES

( ) 1. 關於社群行銷敘述何者正確？ (A) 又稱為實體社群 (B) 社群行銷可以集中討論共同的話題興趣跟嗜好 (C) 需面對面才能交換意見 (D) 像一個社會型的現實社區。

( ) 2. 美國大約有多少消費者會上社群觀察評論？ (A) 三分之二 (B) 二分之一 (C) 四分之一 (D) 三分之一。

( ) 3. 下列哪一個不是社群行銷的特性？ (A) 傳染性 (B) 分享性 (C) 單一性 (D) 黏著性。

( ) 4. 社群行銷的最主要目的為？ (A) 吸引消費者目光 (B) 創造業績 (C) 讓 GDP 數字好看點 (D) 養成新的習慣。

( ) 5. 下列對於社群行銷敘述哪個正確？ (A) 只有廠商有發言權 (B) 消費者只能被動接受資訊 (C) 顧客會透過分享自己的產品心得讓家人、讓顧客知道產品 (D) 只有透過高點閱率的平台的網紅分享才有行銷效果。

( ) 6. 下列敘述何者錯誤？ (A) 社群行銷一定可以直接販賣商品 (B) 強調溝通與社群行銷這個分享性幫助許多企業在推動新產品 (C) 消費者跳脫了以往負責接受訊息的角色 (D) 實體商店與社群行銷結合，行銷成果會 1 + 1>2。

( ) 7. 下列敘述何者正確？ (A) 店家可以利用社群媒體來進行長期間經營 (B) 臉書偵測內容多元性技術已成熟，不須改進 (C) 我不用思考發文內容就能吸引粉絲 (D) 每天靠發文就可以提高粉絲來的人數。

( ) 8. 社群行銷的優點，下列敘述何者正確？ (A) 有議題一定能引起粉絲的注意 (B) 為了話題性，違法也沒關係 (C) 網路上口耳相傳的口碑無法創造公司的影響力 (D) 有社群量，代表大量的顧客關注你的產品。

(　　) 9. 下列臉書行銷的敘述何者正確？ (A) 在 2019 年臺灣才熱門起來 (B) 以蔡英文為主的政治人物不會用臉書行銷 (C) 有些人自己拍片就能跟網友間有非常多的互動，藉此賺錢 (D) 臉書是一本書的名字。

(　　) 10. 下列何者不是 YouTube 的廣告類型？ (A) 影音廣告 (B) 影片關鍵字 (C) 短片 (D) 紙本廣告。

11 CHAPTER

大數據行銷

11-1 何謂大數據行銷？

大數據又稱為海量資料、大資料，2001 年 Gartner 對大數據的定義為（目前仍為常用的定義），大數據是包含各種不同類型的資料，並以越來越快的速度產生越來越大量的資料。大數據的三個特性：資料種類多、速度快、數量大。簡單來說，大數據是更大量、更複雜的資料集，來自新的資料源更是如此，IBM 2010 年提出由於數據的來源有非常多的途徑，大數據的格式越來越複雜，大數據的商業智慧，沒有辦法解決非結構性跟半結構資料，是優化組織決策的過程。例如：全球零售業 walmart. 透過帳單分析找出了啤酒、尿布的關聯性，當啤酒、尿布賣得好的櫃位，附近的啤酒比例也賣得很好，因此進一步調整，將會推出了啤酒跟尿布共同銷售的促銷！開啓了數位數據資料的序幕。

雖然大數據本身相對而言是比較新的概念，但起源可以追溯到 1960~1970 年代，當時世上的資料才剛剛興起，成立第一個資料中心和關聯式資料庫。2005 年左右，大家開始意識到 Facebook、YouTube 和其他線上服務的使用者產生了大量資料。另外，Hadoop，一款專門用於儲存和分析大數數據集的開源軟體框架，亦於同年開發。NoSQL 也在這個時候變得普及。Hadoop（以及最近的 Spark）之類的開發，對於大數據的成長來說非常重要，因為它們能使大數據變得更易於使用，而且儲存成本更低。讓後續大數據的數量大幅成長，使用者仍持續產生巨量資料。加上物聯網 (IoT) 的出現，越來越多的物件和裝置可連線到網路，來收集客戶的使用模式和產品效能方面的資料，帶給企業更多發掘消費心理與行為的契機。

大數據行銷的優點分為三個部分，第一個優點是更為精準的個人行銷，第二個優點是提供消費者購物體驗，第三個優點是能找出最具有價值的顧客型態。

首先，我們來介紹第一項，更為精準的個人行銷。除了過去基本傳統的做法，將個人資料與消費明細做探討，行銷人員根據這些基本數據去判斷消費者的喜好。隨著大數據時代來臨，大數據最值得應用的優勢就是，可以分析消費模式與消費者的瀏覽紀錄，以及他曾經購買的商品，以系統性做分析，此種分析亦可以運用在顧客關係。將顧客所有資料以及網路上的行為，做進一步分析，並成為提升服務品質的關鍵。

第二優點為提升消費者的購物體驗。目前的行銷趨勢流行五感行銷，讓顧客不管是延續聽覺、嗅覺、觸覺等多樣化的感受，可以提前為公司找出消費者喜愛的模式，進一步去設計體驗行銷方式。大數據分析在企業邁向零售 4.0 的關鍵時刻，這樣的一個多樣性，能夠實質轉換為服務品質精緻化的購物決策，因此大數據的分析，著實能夠提升消費者購物的機率。

第三優點是能透過大數據分析。找出有價值的顧客，找出顧客的終身價值與購買動機。這對公司來說是較為困難的任務，但大數據能夠協助公司找出消費者的平均購買量，自然能算出消費者的終身價值、顧客的購買滿意度與在每一個櫃位停留的時間等，這些動機行為，都能夠替公司找到未來最有價值的顧客，實現顧客期待，進而增加價值。大數據是能找出價值客戶的最佳利器，分析培養企業忠誠顧客，為顧客行銷帶來更多的效益。在這幾年大數據發展，另一個新寵為人工智慧，這也漸漸走進企業實務中，人工智慧 (AI) 發展將成為未來科技主流，只要公司善用大數據跟人工智慧，自然能夠發現在大環境的行銷商機。

大數據的時代徹底改變人們的生活方式，我們從 2010 年開始，全球的資料量已經進入到全新時代，為各個產業的營運模式帶來更多的新契機，大數據已經是每個產業必備的基本知識！大數據徹底改變了企業的生產和行銷方式，唯有搶先成長契機，才能領先對手，擁有自己的競爭優勢。

另外，透過大數據的分析，提供顧客資訊給更多公司做更深入的判斷，進一步了解不願購買產品和無需求的族群是哪些人。網路行銷最重要的關鍵問題，不是數據不夠多，而是如何從數據中獲取有價值的資訊，並且轉換成有效果的行銷策略。

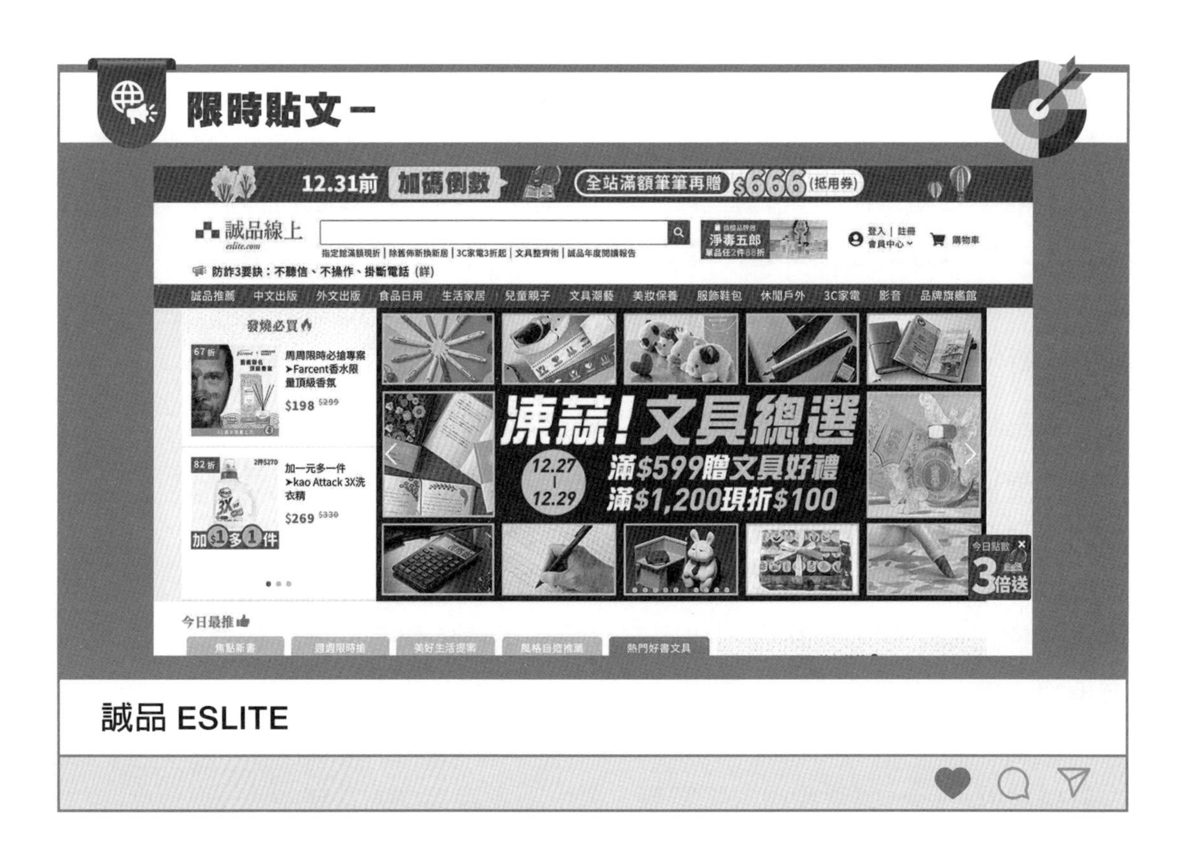

每月暢銷主題都不同。

每月中文新書暢銷書。

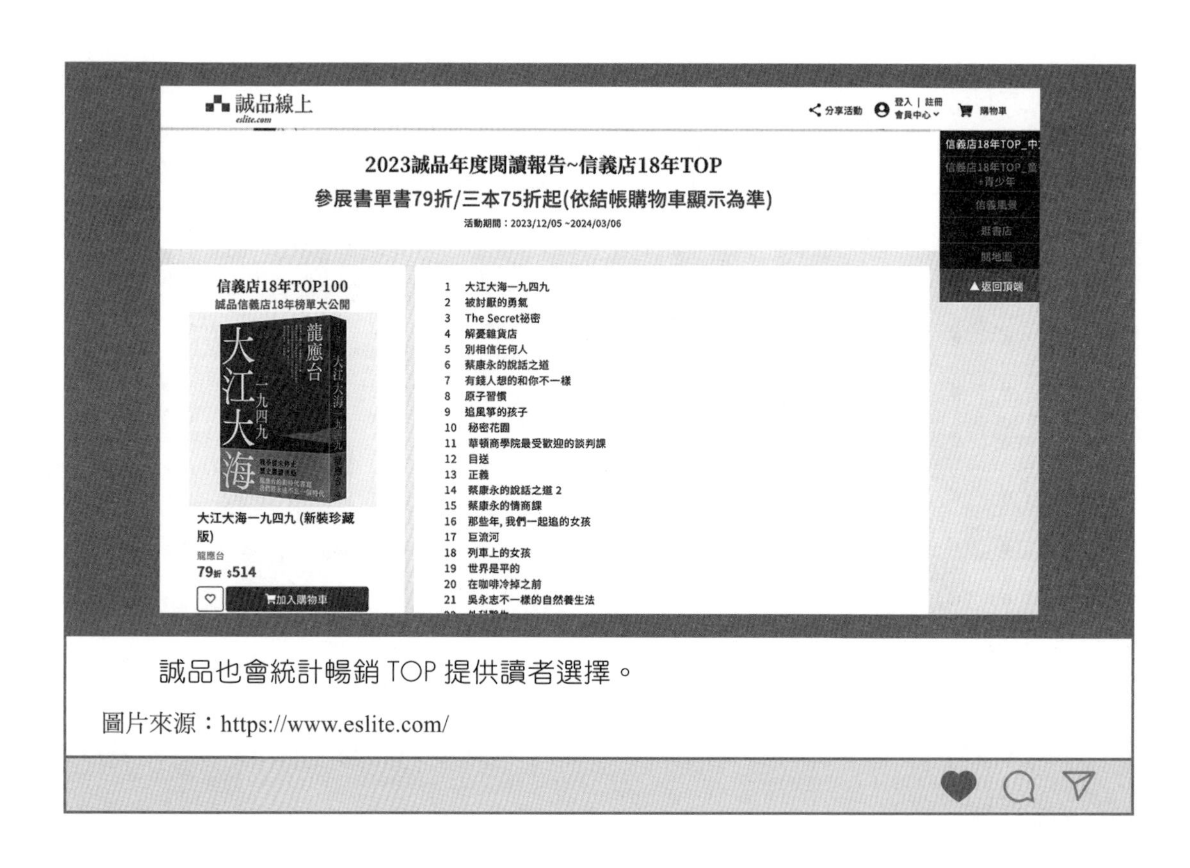

誠品也會統計暢銷 TOP 提供讀者選擇。

圖片來源：https://www.eslite.com/

11-2 大數據的特性

前面介紹了大數據的重要功能，接下來，我們要了解大數據的三個主要特性，分別一為大量性，二是速度性，三是多樣性。大數據，又稱為大資料海量資料 big data，由 IBM 在 2010 年提出的，它是指在一定時效內進行大量且多元的資料取得分析。在過去十年當中，廣泛應用在企業內部的資料商業智慧和統計的部分，但現在已經慢慢擴展到不同的產業。

一、大量性

大量性是過去的技術無法管理的資料量資料，它的單位可以從 TB（一兆位元組）到 PB（千兆位元組）。

二、速度性

大數據資料的分析，每分每秒都在更新，速度非常快，技術也能夠即時儲存資料。時效性也是一個非常重要的議題，往往取得資料時必須在最短的時間內反應，否則將會失去商機。

三、多樣性

大數據現在不只是處理工具，更是企業思維與商業的模式，它代表的是一種資訊經濟的精神。目前流行的 FB，為了記錄每一個好友的資訊動態消息、按讚、打卡、分享生活狀態及圖片，因為 Facebook 的使用者眾多，藉著大量數據的技術，再來透過探勘技術用戶的足跡，接著才能夠取得這些資料，而分析了每一個人的喜好，進一步幫他做了消費決定。

以上是大數據三個特性，不論你現在的公司是否運用到大數據，但大數據的分析，將會是現在到未來一個重要的趨勢。

術後有愛❤還有我在

EASY SHOP專業胸部美型師

我們以專業填補妳的缺憾
用呵護的心，選用親膚材質
用理解的手，量身打造專屬款式
用貼心的服務，滿足特殊的需求

依妳量身打造－專屬少奶奶的術後內衣客製服務
讓女性重拾自信、快樂

全台門市 術後內衣客製服務

貼心提供術後內衣客製化服務。

可以量身定做。

也有多種款式可以選擇。

圖片來源：https://www.easyshop.com.tw/?lang=zh-TW

上面的購物平台已經是臺灣人每天的日常！購物指南如上面這些網站，讓你買物不買貴，資訊透明如消費高手。

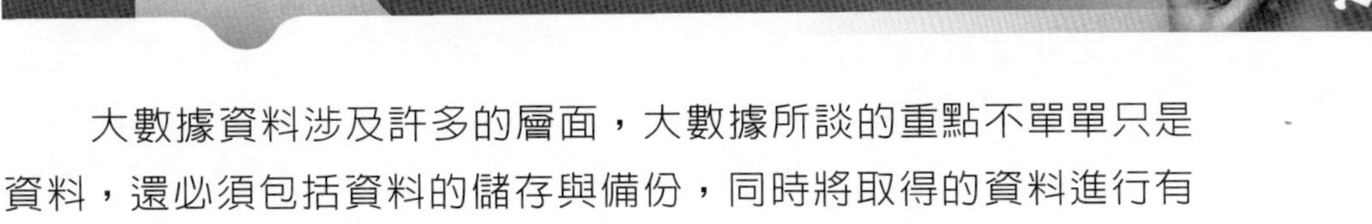

11-3 大數據資料的取得與分析

大數據資料涉及許多的層面，大數據所談的重點不單單只是資料，還必須包括資料的儲存與備份，同時將取得的資料進行有效處理，否則就無法利用這些資料來進行網路消費行為的分析，更不用提如何提供給廠商做為客戶行為分析。在這個大數據的時代，資料不斷增加，網路公司的用戶量也呈現持續性的成長！阿里巴巴創辦人馬雲，曾經在公開的場合，說過一句話：「未來的世界，將不再由石油趨動，而是數據的驅動！」隨著網路科技及電子商務的進步，社群媒體、雲端運算及智慧型手機所組合的資訊經濟時代，大數據的趨勢，已經成為市場上成功行銷的關鍵！它能夠預測未來購物的行為，透過大數據根據交易行為來分析變化，並且用在顧客關係上面。透過資料，我們可以清楚顧客的消費習慣，進一步進行行銷規劃。

例如 Amazon 對於消費者使用的行為追蹤更是徹底，透過超過 20 億的用戶數據追蹤消費者在網站及 APP 的一切行為，解釋與分析大數據，推薦給消費者他們真正想要購買的產品，確保顧客客製性，同時給他們更優化的產品建議，另外，網路跟智慧手機的大量普及，消費市場激烈競爭，大數據的資料是企業零售 4.0 的關鍵，利用大量更多樣的數據，讓顧客獲得更適合他個人的產品與服務，因此大數據，提供了前所未有的革命！

最後針對大數據提供三項要點如下，分別為整合、管理、分析。

11-4 大數據如何運作？

一、整合

大數據匯集了來自許多不同來源和應用程式的資料。傳統的資料整合機制如 ETL（擷取、轉換和載入）經常無法完成任務，現在需要新的策略和技術來分析 TB 級甚至 PB 級的大數據集。在進行整合時，公司需要帶入資料並加以處理，確保其格式正確並可用，以利業務分析開始運用。

二、管理

大數據需要儲存的資源。公司的儲存解決方案可以在雲端施行，或就地部署，或兩者兼具。公司可以依任何所需的形式儲存資料，並視需要將處理需求和必要的流程引擎帶入這些資料集。

三、分析

當公司分析資料並採取行動時，大數據投資就能產生效益。藉由對各種資料集進行視覺化分析，來取得資料全新的清晰度。進一步探索資料，以找出新發現。

大數據的應用非常廣泛，涵蓋了整個企業從上到下的業務，其中包括了 R&D 與產品創新、行銷與銷售、運營、風險、以及其他輔佐性質的業務功能（財務、風險、以及 HR 等等），倘若業者能有效定義出優化方向，並不屬相關數據策略，其結果將有潛力為企業帶來龐大的競爭優勢。

大數據結合行銷——大數據行銷，將成為最具革命性的行銷趨勢，大數據行銷甚至可能顛覆奉行近半世紀的行銷 4P 理論：產品 (product)、價格 (price)、促銷 (promotion)、通路 (place)。大數據下的行銷將產生一個全新的 4P：人 (people)、成效 (performance)、步驟 (process) 和預測 (prediction)。最先提出新 4P 理論的是全球最具權威的 IT 研究與顧問諮詢公司 Gartner Research 的副總裁 Kimberly Collins，我們將最後一個 P（profit，利潤）修正為預測 (prediction)。從舊 4P 到新 4P，大數據行銷究竟如何顛覆傳統行銷？

企業應該從過去「經營商品」的思維，轉向以人為核心的「經營顧客」，而大數據時代，正提供了觀點轉型的最好時機。每一位消費者的購買時間、購買週期、購買特性都不相同，但是傳統行銷，無法做到很細緻的個人化行銷，多是大衆行銷或群體化行銷。但大數據讓「一對一行銷」、「個人化行銷」不再是天方夜譚，而是基本服務。

數位行銷
前哨戰

網紅直播大特寫

在多采多姿的網路世界裡，我們總是在日常生活中獲得了許多資訊，你最喜歡誰來直播商品呢？或是誰來開箱？誰來吃播？誰來各種分享？

喜歡網紅：

照片

直播主題：

特色分析：

（可運用此篇主題，看看你喜歡的網紅是否有運用大數據分析呢？）

學習評量  REVIEW ACTIVITIES

(　) 1. 下列何者不是大數據行銷的優點？ (A) 找出最具有價值的顧客型態 (B) 創造新的商業模式 (C) 提生消費者購物體驗 (D) 更為精準的個人行銷。

(　) 2. 下列關於大數據行銷敘述何者正確？ (A) 運用數據洞悉生產者的生產偏好 (B) 可以把消費模式消費者的瀏覽紀錄以及他曾經購買的銷售統計購買行為系統量化 (C) 可以事後為公司找出消費者喜愛的模式 (D) 提升運輸業者的運輸體驗。

(　) 3. 下列零售 4.0 時代的敘述何者正確？ (A) 大數據分析在這一時代將扮演重要角色 (B) 找不到有價值的顧客 (C) 顧客的購買動機還是難以預測 (D) 人工智慧 AI 毫無用處。

(　) 4. Z 時代何年開始？ (A)2019 年 (B)2000 年 (C)2009 年 (D)2010 年。

(　) 5. 下列敘述何者不正確？ (A) 到了 Z 時代，我還是可以用以前老方法經營公司，而不被淘汰 (B) 搶先大數據帶來的成長契機才能領先對手擁有自己的競爭優勢 (C) 網路行銷最重要的關鍵問題，不是數據不夠多，而是如何從數據中獲取有價值的資訊並且轉換有效果的行銷策略 (D) 透過大數據的分析，讓顧客的資訊給更多的公司做更深入的判斷。

(　) 6. 下列何者不是大數據的特色？ (A) 速度性 (B) 多樣性 (C) 一致性 (D) 大量性。

(　) 7. 下列何者不是大數據行銷之特性？ (A) 資料量大 (B) 速度快 (C) 性質多元 (D) 以上皆是。

(　) 8. 下列有關大數據行銷 (Big Data Marketing) 的敘述，何者不正確？ (A) 大數據具有大量 (Volume)、快速 (Velocity)、多樣性 (Variety) 等特性 (B) 消費者自加入會員起留下的每一筆交易紀錄都同等重要 (C)

大數據必須先整理成結構化與數值化的資料架構，才能有效率的進行數據分析 (D) 目的是為了達到一對一行銷。

(　) 9. 大數據 4V 為以下何者？ (A) 數據量巨大 (B) 數據類型多樣化 (C) 數據處理速度快 (D) 以上皆是。

(　) 10. 大數據有什麼優點？ (A) 降低成本提高生產力 (B) 提高生產力 (C) 優化客戶 (D) 以上皆是。

12 CHAPTER

新興網路行銷

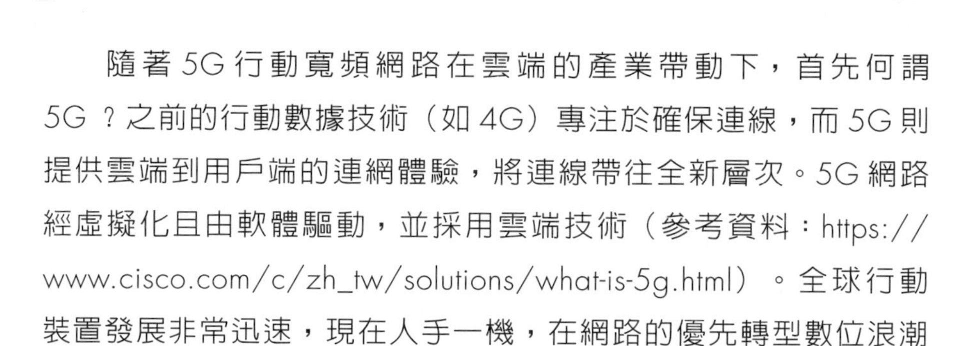

12-1 What's 行動商務

隨著 5G 行動寬頻網路在雲端的產業帶動下，首先何謂 5G ？之前的行動數據技術（如 4G）專注於確保連線，而 5G 則提供雲端到用戶端的連網體驗，將連線帶往全新層次。5G 網路經虛擬化且由軟體驅動，並採用雲端技術（參考資料：https://www.cisco.com/c/zh_tw/solutions/what-is-5g.html）。全球行動裝置發展非常迅速，現在人手一機，在網路的優先轉型數位浪潮中，行動商務已經成為一個必然的趨勢，行動行銷隨著蘋果電腦推出的 iphone、ipad 產品爆紅後，世界的行動商務風起雲湧帶來更多的變化！

這都歸功於行動通訊的快速發展，從 2010 年開始行動商務的使用人數開始呈現爆發性成長，無所不在的行動裝置，包括智慧型手機、平板電腦、穿戴式的裝置，充斥了我們生活，消費者在網路上的行為越來越多元化，行動上網也成為我們現在網路服務主流，下載行動商務的機會越來越多！面對這股趨勢，我們更要了解行動商務的定義是什麼？行動商務全面融入到消費生活當中，行動商務亦將是伴隨手機和其他一般無線通訊技術，正分分秒秒影響著消費者行為。

限時貼文 —

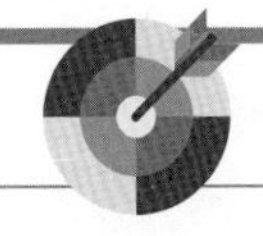

寶雅

寶雅是一個近年來的生活品牌，在臺灣有多間實體店面，也有提供多種產品讓顧客購買的線上平台。數位化讓顧客享有多重的購買體驗。網站有多種折價、優惠等活動，讓消費者一站購足。

圖片來源：寶雅 APP 截圖

蝦皮購物

談到蝦皮購物，每個人第一印象都是經濟實惠。網站經常推出各類購物節，原本顧客到 7-11 等便利商店取貨，後續又推出蝦皮店到店的門店取貨服務。

圖片來源：蝦皮 APP 截圖

12-2 行動商務的特性

行動商務行銷模式突破了傳統網路行銷受到的空間跟時間限制，也就是說透過行動通訊網路來進行商業交易行為，行動商務相較於傳統來說有四種行銷特性：個人化、定位性、即時性、隨處性。行動商務能夠協助廣告主精準的瞄準顧客，行動行銷有別於傳統，例如：我們可用手機查詢今天的天氣路線，或者查詢即將去的地方是否有有名的小吃、顧客隨時接收到行動行銷的資訊，業者藉此加強產品跟品牌的形象。

一、個人化

根據自己喜愛的家居風格選擇內裝。

會推薦適合的裝潢軟裝。

可以查看適合自己的裝潢。

圖片來源：https://www.ikea.com.tw/zh

二、定位性

行動行銷，它能夠告訴我們周邊人事物確定的地理位置，使用者的裝置都可以隨時追蹤跟定位，好比是搭配 GPS，讓顧客的購物行為可以被發現，並且讓顧客跟店家能夠清楚行銷範圍，了解消費者在哪裡行銷？資訊隨著行動行銷而出現，不論上山、下海都能夠帶著行動裝置到處跑，這樣一個特性讓使用者的位置不受限！

限時貼文－
Uber Eats
登入
註冊
預約附近餐點外送服務
輸入外送地址
立即外送
尋找食物
或 登入
UBER EATS
以美食慰勞員工辛勞
建立企業帳戶
協助貴餐廳外送美食
新增您的餐廳
透過 Uber Eats 平台上線外送
註冊成為合作外送夥伴
多種服務方案提供顧客及公司方。

UBER EATS 也有全球的服務範圍。

若是相當外送員也能直接上官網申請為外送員。

圖片來源：https://www.ubereats.com/tw

三、即時性

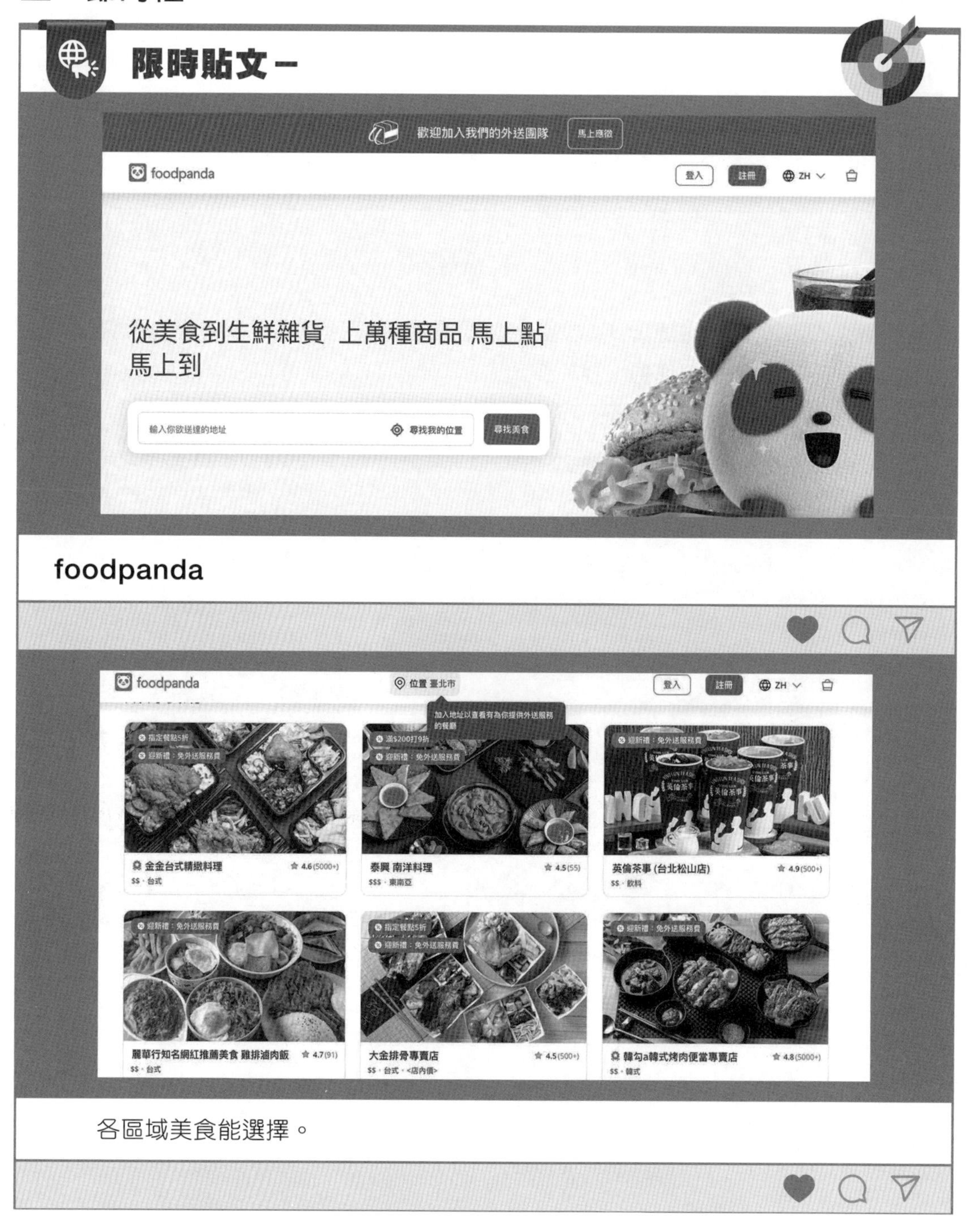
限時貼文一
歡迎加入我們的外送團隊
馬上應徵
foodpanda
登入
註冊
ZH
從美食到生鮮雜貨 上萬種商品 馬上點
馬上到
輸入你欲送達的地址
尋找我的位置
尋找美食
foodpanda
foodpanda
位置 臺北市
加入地址以查看有為你提供外送服務的餐廳
登入
註冊
ZH
金金台式精緻料理
泰興 南洋料理
英倫茶事(台北松山店)
麗華行知名網紅推薦美食 雞排滷肉飯
大金排骨專賣店
韓勾a韓式烤肉便當專賣店
各區域美食能選擇。

也有提供企業優惠方案。

各區域外送也一目瞭然。

圖片來源：https://www.foodpanda.com.tw/

四、隨處性

消費者在哪裡，行銷資訊就在哪裡，隨著行動行銷，消費者不論身在何處都能夠帶著行動裝置到處跑，這樣一個特性讓使用者的位置不受限，只要連得上網，任何行銷資訊都能獲得滿足。

限時貼文 —

《淚之女王》男主角白賢祐與朋友邊聊天邊吃的東西就是 SUBWAY，自然的融入劇情中。SUBWAY 透過韓劇利用高顏值的男女主角，讓他們吃自家產品宣傳自家產品，利用置入性行銷不明確打出品牌名的特性，卻能讓觀眾無形對自家產品產生好印象。

12-3 穿戴式裝置

接下來，我們要介紹的是穿戴式裝置，由於電腦技術不斷地往輕薄短小、美觀、時尚流行的方向發展，近年來備受矚目的穿戴式裝置，加上健康風潮的盛行，行動裝置的多樣性選擇，也有許多行動商務的商機漸漸升高，搭配手機的穿戴式裝置，也越來越吸引顧客目光。

穿戴式裝置常常出現在運動品牌方面，訴求的是健康。現在應用在許多層面，例如：設計腕帶運動智慧型手錶，當顧客穿戴在手腕上，就能有和智慧型手機一樣的功能，能執行應用程式，如可以記錄當事人的運動步數、整天消耗多少卡路里、同時記錄心跳率、監測睡眠時間，儼然成為個人減重教練與睡眠監測的健康大使。

另外，智慧型眼鏡也變成協助每天安排行程的貼心助理。穿戴式裝置的特殊性，將會帶來全球新的商業模式，目前主要穿戴式裝置已經跨越了傳統，變成了連結者的角色。應用在倉儲物流中心，讓工作人員配戴各項穿戴式裝置來協助倉儲作業的作業。穿戴式裝置已經跨越了傳統，變成了連結者的角色。

再來我們要介紹是 QR Code，QR Code 是在 1994 年由日本發明利用線條跟方塊結合成黑色黑白格子的圖文型態，它的型態是二維條碼，比以前一維碼有更多的資料儲存量，QR Code 可以存圖片記號，在美國更是他們與消費者互動的行動行銷管道。QR Code 最常使用的範圍是消費者使用智慧型手機掃描 QR Code 取得折價券，其次，是商品跟商家聯絡的方式，有些店家把 QR Code 印在菜單上，讓顧客直接掃描點餐，節省許多時間，在賣場的牆面上也可掃描訂購產品，節省非常多時間，也提高了顧客的購買意願。最後，我們要談到有關行動行銷的其他項目：包括了定址服務，定址服務 Location Based Service 與環境感知的創新應用，提供了個別的需求，使手機的消費行為，都可與地圖跟導航定址服務成為行銷最佳的夥伴。

限時貼文－

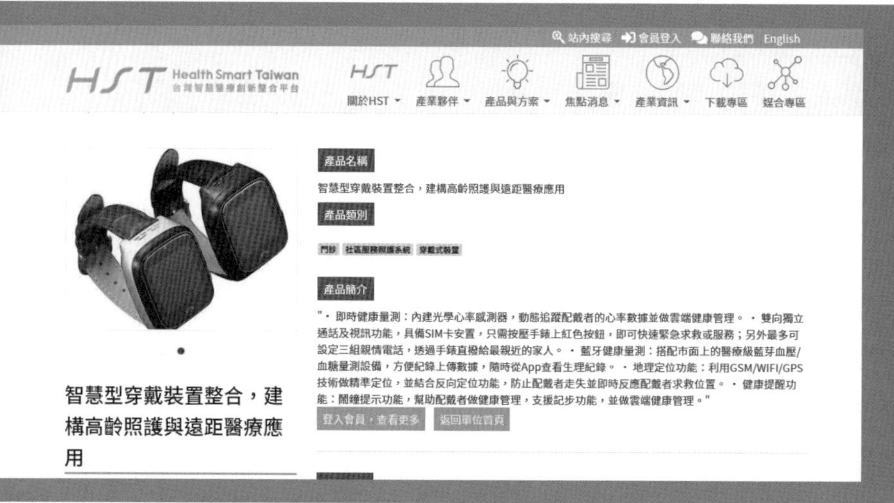

現在網路行銷不僅是流行時尚，也是科技品牌的選擇。智慧型穿戴與醫療的結合，皆能透過網路無遠弗屆的特性，達到宣傳目的。

圖片來源：https://www.hst.org.tw/tw/product/goods/1

在虛擬實境下的相關產品，透過網站也能與顧客互動，元宇宙趨勢陸續推出相關產品，讓網路世界更顯樂趣。

圖片來源：https://www.epson.com.tw/Moverio/Personal?pg=2#sn

親身體驗 AR，種種方式任你嘗試。蘋果結合最新技術，虛實之間毫無界線，不用出門就可以身歷其境，透過 AR 功能在真實空間裡預覽商品

圖片來源：1-i https://www.youtube.com/watch?v=CB4nPFTa-aE

12-4 網紅直播風潮

KOL Radar 聯合《數位時代》共同發表 2023 年最具影響力的臺灣百大網紅榜單，在社群媒體中引起熱烈迴響。透過 KOL Radar 獨家的 AI 網紅資料庫，計算全臺網紅在 Facebook、Instagram、YouTube 的粉絲數、互動數及觀看數，並根據影響力指標，精挑細選出 100 名在 2023 年最具影響力的網紅。閱讀《數位時代》報導專題其評選條件：1. 在 Facebook、Instagram、YouTube 三大社群平台中，其任一平台粉絲總數超過 10 萬人；2. 從網路社群崛起，倚靠知名度及影響力吸引閱聽人，並創造營收；3. 排除演員、歌手、主持人等發跡於傳統媒體、目前仍活躍於演藝圈者。進榜者

的影響力指標計算公式：10% 粉絲數成長 +30% 總粉絲數 +15% 互動數成長 +45% 互動總數。

大家都在找網紅，公司的品牌也需要嗎？根據 2019 年 Influencer Marketing Hub 的報告指出，全球網紅行銷經濟規模上看 65 億美元（約 2 千億元臺幣），各大品牌店家早就搭上網紅經濟紅利，擴大曝光搶業績！到底要到哪裡找到合作網紅？選哪種網紅才有效？預算不多也能請網紅嗎？如何了解與接洽網紅 KOL(Key Opinion Leader) ？

2008 年網紅現象逐漸在 YouTube 萌芽，人稱臺灣 YouTuber 始祖的蔡阿嘎就是在這年以一支「燒 Roots」影片打開知名度。接著在 2010 年以精緻排版的圖片受到年輕人喜愛的 Instagram 問世，越來越多人在這些平台上用精緻的照片或有趣的影音來紀錄分享自己的生活點滴、專業見解等等，也因在各大社群平台的普及之下更加速了網紅、網美的增長。

2017 年世大運結合網紅行銷與蔡阿嘎、阿滴英文、上班不要看、啾啾鞋、走路痛、HowHow、林辰、星期天與囧星人等九個網紅頻道合作，期望以「在有趣好笑的的訊息中了解世大運」創造話題，成功抓住年輕人眼球，引起網路熱烈討論。網紅經濟在全世界蔓延，2016 年開始「網紅行銷 (Influencer Marketing)」搜尋熱度開始攀升，全球各大機構也紛紛推出數據來支持網紅經濟有足夠影響力吸引消費者下單購買，而網紅經濟的成功，也驅動企業撥出更多預算，採取網紅行銷策略。以下為近年來網紅經濟的相關資訊數據顯示：

1. 49% 表示會根據網紅的推薦選擇產品。
2. 40% 的消費者表示在 Instagram、Twitter 或 YouTube 等社群平台看到 KOL 介紹產品後決定購買產品。
3. 70% 網紅認為和品牌合作最有效率的方式就是透過網紅媒合平台 (TapInfluence & Altimeter, June 2016)。

4. 24.2% 的企業將超過 40% 的行銷費用花在網紅行銷上。
5. 預計 2024 年底網紅行銷產業的價值將達到 240 億美元。

就上面各項數據顯示，網紅行銷能有效拉近品牌與消費者的距離，不過若要與百萬訂閱的網紅合作就需要花費較多預算。因此，近年來有越來越多企業品牌選擇與微網紅合作，雖然微網紅的粉絲人數不多，但是定位明確能鎖定精準客群，且微網紅與粉絲之間沒有距離感，互動更頻繁與連結也更強烈，因此粉絲有較強的黏著度與忠實度，相較於大咖網紅能帶來更高的轉換率。

2021 年疫情衝擊各行各業，讓百貨公司與購物中心人流大減，使進駐百貨公司的品牌與商家也受影響，促使設櫃業者紛紛改變原本的營運方式，重新布置空間以便顧客保持社交距離、重新分配人力、加強會員行銷、經營品牌直播，發展新型商業模式。因應疫情的銷售方式，將百貨公司設櫃業者的銷售人員打造成網紅(Social influencer)，也成為疫情下品牌商家的新解方。在疫情推波助瀾下，越來越多櫃哥櫃姐建立社群帳號來擴展自己的客源，提升訂單成功率。但事實上，早在疫情爆發前，就已有商家提出此種銷售策略。

為了觸及更多顧客，珠寶品牌 Tiffany 銷售人員 Cesar Callejas 於 2012 年開設 Instagram 帳號「pleasereturntocesar」，取名源自 Tiffany 系列作品「Return to Tiffany」，目前已有約 4.9 萬名追蹤者。Cesar 會在此帳號上傳店裡新進商品的照片與影片，並在個人首頁放上聯絡資訊，讓社群粉絲可隨時預約銷售諮詢。

「pleasereturntocesar」目前在精品銷售圈內已小有影響力，Cesar Callejas 分享道，曾有一名從未親臨店鋪的消費者，只瀏覽 Instagram 照片便決定以 15 萬美元買下珠寶。這件事鼓舞該銷售員花更多心力經營社群帳號，開始與對商品有興趣的顧客視訊通話，為他們試戴首飾。他透露，目前他有 30% 的業績與訂單來自 Instagram。

Tiffany 近來也開始注意到這種新穎的銷售手法，向員工分享經營社群媒體的圖文策略與注意事項，並鼓勵其他櫃哥櫃姐跟進，紛紛經營社群帳號。如今，已有數十名 Tiffany 員工在 Instagram、WhatsApp 和 Facebook 上建立個人帳號，發布 Tiffany 的商品照片與影片。

梅西百貨在 2018 年推出「Macy's Style Crew」計畫，招募自家員工成為品牌大使，將素人打造成網紅，鼓勵員工在社群媒體發布商品相關圖文，除增加個人業績外，也提升品牌的知名度。以往口碑行銷的作法多是品牌與外部網紅合作，仰賴他們的高人氣與高觸及率，藉以增加媒體曝光率、提升民眾購買意願。但是，梅西百貨的計畫卻翻轉網紅經濟的策略，主動提供員工相關訓練課程，「自產」網紅來行銷。目前梅西百貨的 Style Crew 品牌大使，已從原本試驗的 20 位擴展到 300 多位，他們必須在自己的社群媒體發布自己特色的穿搭並在貼文中搭配標籤「#macysstylecrew」，同時也要分享梅西百貨與影音內容社群平台 Tongal 合作拍攝的短影音，附上產品連結，展示梅西百貨的商品與服務。「與外部影響者合作就像是請了一位代言人，但自家公司的員工可以擁有梅西百貨的權威，且真正了解產品」，Tongal 總裁 James DeJulio 認為，雖然梅西百貨與 Tongal 尚未公開這項計畫的成效報告，但有一位品牌大使在一周內賣出價值 15,000 美元的手提包，可見此計畫的成果佳。

將公司內部員工打造成網紅，不僅能避免商場銷售額下滑、客流量減少，也能省下聘用外部知名網紅的大筆支出，且以自家員工代言品牌也更具說服力，也許能夠是品牌、商家在疫情嚴峻下的營運解方。

「網紅經濟」市場規模擴大中，影響力不容小覷！網紅或影響力行銷並不是新的行銷概念，近幾年在全世界流行，相關關鍵字搜尋熱度開始攀升，全球市調機構也紛紛公布數據來證明網紅經濟能夠吸引消費者下單，促使企業將更多預算投入網紅行銷策略。

網紅直播大特寫

在多采多姿的網路世界裡，我們總是在日常生活中獲得了許多資訊，你最喜歡誰來直播商品呢？或是誰來開箱？誰來吃播？誰來各種分享？

喜歡網紅：

照片

直播主題：

特色分析：

學習評量  REVIEW ACTIVITIES

(　　) 1. 下列敘述何者正確？ (A)4g 行動寬頻網路在高端疫苗的產業帶動下發展迅速 (B) 數位專型浪潮是現在潮流 (C) 社群平台不是因智慧型手機興起 (D) 電腦是現代人上網最優先使用的工具。

(　　) 2. 下列敘述何者正確？ (A) 行動商務已經成為一個必然的商業趨勢 (B) 行動商務的目的可以讓消費者對於想找的內容，在搜尋關鍵字時，搜尋結果會出現在最顯著的位置 (C) 從 2000 年開始行動商務的使用人數開始呈現爆發性成長 (D) 劃撥上網也成為我們現在網路服務主流。

(　　) 3. 下列行動行銷的敘述何者正確？ (A) 無法針對一位消費者做一對一行銷 (B) 廣告主無法精準察覺客戶喜好 (C) 現在查詢位置還是得用紙本地圖 (D) 突破了傳統網路行銷受到的空間跟時間限制。

(　　) 4. 下列哪一個不是行動行銷的特性？ (A) 間接性 (B) 個人化 (C) 隨處性 (D) 定位性。

(　　) 5. 下列對於行動行銷敘述何者不正確？ (A)App 能夠告訴我們週邊的人事物，一個確定的所在地理位置 (B) 讓顧客的購物行為可以被發現，並且讓顧客跟店家都能清楚行銷範圍 (C)App 沒有資安法規可以規範 (D) 使用者的裝置都可以隨時追蹤跟定位。

(　　) 6. 下列何者不是穿戴式裝置的特色？ (A) 公司或是電腦是否具備做網站的條件 (B) 如運動錶就可以記錄了當事人的運動步數等 (C) 消費者購買訴求為了是監測健康 (D) 穿戴式裝置市場日趨飽和。

(　　) 7. 關於 QR Code 敘述何者不正確？ (A) 最常使用的範圍是消費者使用智慧型手機掃描 (B) 在美國是他們與消費者互動的行動行銷管道 (C) 臺灣通稱一維碼 (D) 在 1994 年由日本發明利用線條跟方塊結合成黑色黑白格子的圖文型態。

(　　) 8. 以下哪個網站屬於社群網站？ (A)Facebook (B)Plurk (C)Twitter (D) 以上皆是。

(　) 9. 業者藉由提供部落客免費試用品或試吃，要求部落客 Po 文描述自己的使用經驗，稱為什麼行銷？ (A) 病毒式行銷 (B) 事件行銷 (C) 口碑行銷 (D) 以上皆非。

(　) 10. 行動行銷強調的重點有哪些？ (A) 整合 (B) 交叉 (C) 虛實 (D) 以上皆是。

memo

REFERENCES

參考資料

勁樺科技 (2018)。人人必學網路行銷－行動、社群、大數據、人工智慧。台科大圖書股份有限公司。

侯家嵐、邱淑玲 (2020)。圖解網路行銷。五南圖書出版股份有限公司。

鄧文淵 (2020)。超人氣 Facebook 粉絲專頁行銷加油讚（第五版）。碁峰資訊股份有限公司。

林芬慧、朱彩馨、吳梅君、許瓊文、楊子青、劉家儀、顧宜錚、孫思源、陳　能、林杏子 (2014)。網路行銷：e 網打盡無限商機。智勝文化事業有限公司。

林蓬榮 (2013)。網路行銷（第 2 版）。新文京開發出版股份有限公司。

吳燦銘 (2020)。網路行銷：8 堂一點就通的基礎活用課。博碩文化股份有限公司。

Chapter 04

著作權法
https://law.moj.gov.tw/LawClass/LawAll.aspx?pcode=J0070017

商標法
https://law.moj.gov.tw/LawClass/LawAll.aspx?pcode=J0070001

電子支付機構管理條例
https://law.moj.gov.tw/LawClass/LawAll.aspx?pcode=G0380237

消費者保護法
https://law.moj.gov.tw/LawClass/LawAll.aspx?pcode=J0170001

電子支付機構身分確認機制及交易限額管理辦法
https://law.moj.gov.tw/LawClass/LawAll.aspx?pcode=G0380240

電子支付機構身分確認機制及交易限額管理辦法
https://law.moj.gov.tw/LawClass/LawAll.aspx?pcode=G0380240

Chapter 05

如何防範 QR Code 駭客攻擊，保障個資安全？
https://www.bnext.com.tw/article/31426/BN-ARTICLE-31426

修但幾勒！你下單的購物網站安全嗎？小心落入「一頁式網購詐騙」陷阱！

https://whoscall.com/zh-hant/blog/articles/207

疫情嚴峻「網購」詐騙增 2 成 上月財損合計近 8000 萬

https://news.ltn.com.tw/news/society/breakingnews/3554557

【網站架設費用 1 ～ 100 萬的差異】Wordpress 費用報價 CP 值最高

https://web-design.vip/fee-web-design.html

電商架站 (網路開店) 平台比較 & 排名

https://daotw.com/%e9%9b%bb%e5%95%86%e5%b9%b3%e5%8f%b0/#4

跨境電商平台比較＋網路開店公司（行銷網站 , 趨勢排名）

https://daotw.com/%e9%9b%bb%e5%95%86%e5%b9%b3%e5%8f%b0/

Chapter 09

2020 年台灣數位廣告量全年達 482.56 億台幣，成長首度跌破雙位數

https://www.dma.org.tw/newsPost/923?fbclid=IwAR0zCCP4i4Dtj7_UUW9NG6cjOWqZa_L77ELm2gDWfncHwK5FFbI0yHZyIe4

Cookie 消失之後，新時代廣告人該善用的 6 種數據！

https://www.tenmax.io/tw/archives/25702

什麼是大數據？

https://www.oracle.com/tw/big-data/what-is-big-data/

Chapter 11

行銷 4P 理論要改寫了？大數據這樣顛覆消費市場！

https://www.managertoday.com.tw/books/view/52246

行銷學之父科特勒：大家都在數位化行銷，但重點不在科技有多強

https://www.cw.com.tw/article/5116741

疫後大贏家！解密 momo 出貨為何比 PChome 快、真正目標是全聯？

https://money.udn.com/money/story/5612/5653716

Chapter 12

2020 百大影響力網紅排行榜
https://www.kolradar.com/billboard/2020-tw-top100-kol
【網紅電商】會帶貨的網紅 KOL 怎麼談？ 5 招搭上網紅經濟提升導購
https://www.91app.com/blog/how-to-find-kol/
網紅經濟成長史，究竟網紅經濟是怎麼爆發的？
https://www.kolmasters.com/blog/influencer-marketing-growth/
百貨公司沒人逛，櫃哥、櫃姐直接上網找客人！「網紅經濟」如何疫情下創造影響力？
https://www.bnext.com.tw/article/64305/influencer-pandemic-economy

習題解答

ANSWER

Chapter 01

1	2	3	4	5	6	7	8	9	10
B	A	D	C	A	C	B	A	D	C

Chapter 02

1	2	3	4	5	6	7	8	9	10
D	C	B	D	C	A	C	A	A	C

Chapter 03

1	2	3	4	5	6	7	8	9	10
B	A	C	B	D	C	B	C	B	D

Chapter 04

1	2	3	4	5	6	7	8	9	10
A	A	C	D	C	C	A	D	B	C

Chapter 05

1	2	3	4	5	6	7	8	9	10
C	D	B	C	D	C	D	C	D	D

Chapter 06

1	2	3	4	5	6	7	8	9	10
B	C	B	C	B	C	B	A	D	C

Chapter 07

1	2	3	4	5	6	7	8	9	10
A	A	C	A	C	B	D	D	D	A

Chapter 08

1	2	3	4	5	6	7	8	9	10
C	A	D	C	D	A	C	A	B	D

Chapter 09

1	2	3	4	5	6	7	8	9	10
B	A	C	C	A	B	B	D	A	D

Chapter 10

1	2	3	4	5	6	7	8	9	10
B	A	C	B	C	A	A	D	C	D

Chapter 11

1	2	3	4	5	6	7	8	9	10
B	B	A	D	A	C	D	D	D	D

Chapter 12

1	2	3	4	5	6	7	8	9	10
B	A	D	C	C	D	C	D	C	D

memo

memo

memo

memo

國家圖書館出版品預行編目資料

網路行銷/劉亦欣編著. -- 二版. -- 新北市 : 新文京開發出版股份有限公司, 2024.08
面； 公分

ISBN 978-626-392-046-0（平裝）

1. CST : 網路行銷

496 113011154

網路行銷（第二版） （書號:H209e2）

編著者	劉亦欣
出版者	新文京開發出版股份有限公司
地址	新北市中和區中山路二段 362 號 9 樓
電話	(02) 2244-8188（代表號）
F A X	(02) 2244-8189
郵撥	1958730-2
初版	西元 2022 年 12 月 01 日
二版	西元 2024 年 09 月 01 日

建議售價：400 元
法律顧問：蕭雄淋律師
ISBN 978-626-392-046-0

NEW WCDP
新文京開發出版股份有限公司
新世紀・新視野・新文京 — 精選教科書・考試用書・專業參考書